메타버스로 확장하는 메타스쿨

우리는 메타스쿨로 등교한다

디지털 교실 운영 노하우의 모든 것!

메타 버스로 확장하는 메타스쿨

우리는 메타스쿨로 등교한다

김문석, 김경규, 김은숙, 박주연, 서미나, 조래정 지음

교문사

What is
a METAVERSE ?

- Metaverse is a digital place. (Microsoft)
  메타버스는 디지털 세상이다.

- A set of virtual spaces (Meta)
  가상 공간의 집합

- 디지털 미디어에 담긴 새로운 세상, 디지털 지구 (김상균)

- 가상의 융합으로 아바타를 통해 일상의 활동이 이루어지는 현실 확장 가상세계 (우운택)

- 웹상에서 아바타를 이용하여 사회, 경제, 문화적 활동을 하는 따위처럼
  가상세계와 현실세계의 경계가 허물어지는 것을 이르는 말 (국어사전)

- 현실세계와 같은 사회 · 경제 · 문화 활동이 이루어지는 3차원 가상세계 (시사상식사전)

- 아바타를 통해서만 들어갈 수 있는 가상의 세계 (스노 크래시)

- Digital Universe (존 리키텔로 유니티 최고경영자)

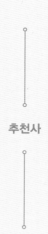

코로나 19에 따른 비대면 교육 활성화로 메타버스의 교육적 활용법에 대한 관심이 더욱 높아지고 있다. 이 책은 메타버스를 활용한 수업의 장단점과 함께 실제 교사들이 메타버스 플랫폼을 어떻게 활용해 수업을 진행하고 있는지를 보여주고 있다. 따라서 이 책은 학교 현장에서 어떻게 메타버스를 활용하여 수업을 할 수 있는지 안내하는 기본서라고 할 수 있다. 메타버스라는 새로운 세계관을 통해 교실수업을 확장하여 미래교육을 어떻게 실현할 것인지 고민하는 선생님들에게 이 책을 추천한다.

– 경상북도교육청 정보컴퓨터교사연구회 경북동부 회장, 문화중학교 교사 최원기

1999년 매트릭스라는 영화에서 가상세계를 처음 접했을 때, 가상세계 이야기는 너무나 신선했다. 이제는 그 세계가 우리 눈 앞에 실체를 드러내고 있지만, 아직도 낯설고 아득해 보이는 것이 사실이다. 그러한 가상세계의 실루엣과 변화의 흐름을 읽고, 고민하는 멋진 선생님들이 메타버스라 명명되는 가상세계를 탐험하고, 그 견문록의 방향을 학교로 이어가는 이야기가 이 책에 담겨 있다. 2022년 우리 교육 현장에서 학생들과 소통하는 열정적인 선생님 여섯 분을 소개한다.

– 전국수학문화연구회 회장, 진주외국어고등학교 수석교사 손대원

디지털화된 지구로서의 메타버스 공간, 우리는 누구나 두 개의 공간에서 살아가고 있다. 이미 기업과 사회에서는 메타버스를 이용한 비즈니스가 발전하고 있다. 뿐만 아니라 우리가 늘 손에 쥐고 있는 스마트폰 안은 이미 메타버스 공간이 되었다. 그런데 학교에서는 학생들의 학습 활동에 방해될 것이라고 염려하고, 게임이라고 치부해 버리는 등 메타버스에 대한 부정적인 시각이 일부 존재한다. 이러한 시각에 도전하며 수업과 창체 활동, 학교축제 등 다양한 모습으로 메타버스의 활용 가능성을 보여주는 선생님들이 있다. 그들이 만든 이 책은 정말 풍성한 활용 사례와 시사점을 제시하고 있다. 수업과 학교에서 메타버스를 활용하고 싶다면 이 책을 통해서 그 시작을 함께 하길 바란다.

– 경기도에듀테크미래교육연구회 회장, 중앙기독중학교 교감 김재현

팬데믹은 우리가 미래에 직면할 도전들 중 하나에 불과하다. 코로나 19는 불확실한 미래에 대처할 수 있도록 학교를 깨우는 모닝콜의 역할을 하였다. 이 책은 당장 내년을 위해 무엇을 준비해야 하는지도 알 수 없을 정도로 급변하는 현실 속에서 미래를 향해 노력하는 교사들의 경험과 성과를 모아 현장에서 더 쉽게 메타버스를 적용할 수 있도록 집필되어 있다. 가치를 향한 목표점을 위해 첫 발자국을 내며 묵묵히 노력해 오신 선생님들이 있기에 학교에 많은 변화가 생기리라 믿는다.

– 포항수학교사연구회 with Math Tour 회장, 광양제철중학교 교장 방순길

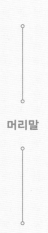

이 책이 처음 구상되던 시기는 2021년 겨울로, 코로나 19 감염병의 여파가 대단하던 때였다. 같은 공간에서 눈과 눈을 마주치며 가르치고자 하는 열망과 배우려는 의지가 서로 뒤엉키는 등교수업의 현장의 최전선에 서서, 몸짓과 눈빛으로 주고받던 상호작용을 최우선의 가치로 삼던 선생님들에게 반강제적으로 다가온 비대면 환경은 그 자체로 장벽이었다. 그 장벽 앞에 선 선생님들은 그것을 서로 다른 관점으로 바라보았다. 어떤 선생님은 더 이상 나아가지 말라는 진입금지의 표시로, 다른 선생님은 돌아가라는 우회의 신호로, 또 어떤 선생님은 넘어뜨리거나 뛰어 넘어야 할 허들로 바라보았다. 서로 다른 시각과 대처 방법에 따라 선생님들의 좌절과 도전, 결실이 여느 때보다도 두드러지던 때이기도 했다.

이 책은 각자의 조건에서 서로 다른 계기를 통해 비대면 환경이라는 장벽 너머 저편을 엿볼 수 있었던 여섯 명의 교사가 모여 집필했다.(물론 비대면으로 진행되었다.) 이들은 '비대면 수업'을 대면 수업이 불가능한 상황을 대비한 임시방편이나 대체재로 보지 않았다. 오히려 대면 수업의 제한점을 보충하고 확장시킬 수 있는 고유하고 '대체불가능한' 장점과 특성을 가진 또 하나의 수업 방식으로 접근했다. 그래서 비대면 수업 환경을 도리어 더 많은 상호작용을 이루어 내고 개별화 수업을 구현할 수 있는 기회의 장으로 삼고자 했다.

그러한 관점과 철학 속에서 이 여섯 명의 교사들이 도달한 플랫폼은 바로 '메타버스'였다. 이들은 그렇게 자신의 수업, 자신의 학교, 자신의 교육공동체가 비대면 환경에서도 서로 실재할 수 있는 가상의 확장 공간인 메타버스로 다양한 활동을 설계해 보고 실천으로 옮겼다. 성공과 실패의 경험이 쌓이면서, 메타버스가 기술적인 측면도 중요한 함의를 가지고 있으나, 이와 동시에 학생들의 생활과도 밀접한 관련이 있음을 깨닫게 되었다. 더 이상 메타버스를 수업 도구로서의 효용성에만 초점이 맞추어져서는 안 된다. 교육의 주체인 학생들의 문화를 이해하기 위해서, 이들이 나아갈 미래를 읽기 위해서라도 메타버스는 더더욱 연구되고 이해되어야 하는 분야인 것이다.

그럼에도 '메타버스'는 여전히 하나의 기술로 여겨져 공교육 내 도입에는 아직 다양한 목소리가 많다. 그래서 메타버스를 교육현장에 도입하는 것은 선생님 개개인의 몫에 맡겨져 있는 것이 사실이다. 교육, 특히 공교육은 기술의 수용에 있어 항상 보수적인 관점을 취해왔다. 기술의 긍정적인 면과 부정적인 면을 면밀하게 고찰하며 '돌다리도 두들겨보고 건너'야 부차적으로 발생하는 문제의 발생을 줄이고 공교육의 가치에 부합하는 올바른 기술의 적용을 도모할 수 있다는 점에 대해서는 누구나 공감한다. 하지만 그 고찰과 우려의 기간이 길어지는 탓에 우리 학생들이 누릴 수 있는, 혹은 누려야 하는 유의미한 경험의 시기를 놓치거나 빼앗기는 일이 다반사이기도 하다. 이러한 상황을 안타까워하는 일부 선생님들은 그 위험을 오롯이 감수하면서까지 새로운 기술을 적극적으로 적용해 보는 도전을 서슴지 않는다. 사실은 그러한 선생님들이 있기에 발생가능한 문제를 미리 인지할 수 있고, 공적인 적용을 위한 인사이트를 얻게 된다.

이 책은 이처럼 도전할 준비가 되어 있는 선생님들과 교육자들을 응원하기 위해 쓰여졌다. 그저 먼저 메타버스의 교육적 적용을 검토했던 선생님들의 학교 이야기, 수업 이야기를 담백하게 전달하려 한다. 지금도 메타버스의 세계는 24시간, 365일 변화의 한 가운데에 있기에, 여러분들이 이 책을 접하고 나서야 메타버스에 탑승한 후발 주자라는 생각은 접어두어도 좋다. 우리 모두가 메타버스를 탐험하는 동료 교육자다. 어느 날, 서로가 유유히 메타버스 속 교무실에서 우연히 마주칠 그 날을 그려본다.

저자 일동

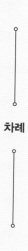

차례

CHAPTER 1
메타버스가 뭐야?

CHAPTER 2
교과 수업을 담는 메타버스 속 교실

CHAPTER 3
학생 자율과 자치가 숨쉬는 스쿨 메타버스

CHAPTER 4
연구와 소통을 이어가는 메타버스 속 교사

CHAPTER 5
메타버스 진로와 직업 탐구

CHAPTER 6

학교: 어디에도 없고, 어딜 가나 있는

이 책의 구성

이 책은 메타버스(Metaverse)의 개념과 이해를 돕고 메타버스의 유형에 어떤 방식이 있는지 살펴봄으로써 교육 활동 공간의 또다른 대안이자 패러다임을 소개하고 있다. 이에 이 책은 메타버스를 활용한 실제 수업 적용 사례를 기반으로 구성되어 있다. 뿐만 아니라 교사 전문학습공동체 및 교육과정 외 교육 활동인 동아리 활동, 봉사 활동, 진로 활동, 자율 활동 등을 소개하고 있으며, 메타버스 기반의 기술들을 살펴보고 이로 인하여 새롭게 만들어진 직업들을 탐구해 본다. 따라서 이 책은 메타버스 관련 개념과 조언은 물론 실제 적용을 위한 실질적 교육 활동을 사례 중심의 여섯 부분으로 나누어 설명하고 있다.

CHAPTER 1. 메타버스가 뭐야?

메타버스가 무엇이고 메타버스로 규정지어지는 가상 공간에는 어떤 유형이 있는지 살펴본다. 그리고 현실 속에서 활용되고 있는 메타버스의 다양한 사례를 통하여 우리가 이미 메타버스에 탑승해 디지털 지구에서도 생활을 영위하고 있음을 알게 한다. 궁극적으로 교육에 있어 비대면 상황에서 소통과 활동이 가능한 가상 공간 플랫폼이 학생들과 교사가 함께 살아 숨 쉴 수 있는 실제적 교육 활동 공간의 또 다른 대안임을 안내한다.

CHAPTER 2. 교과 수업을 담는 메타버스 속 교실

메타버스를 활용한 실제 수업을 소개한다. 게더타운(Gather Town), 모질라 허브(Hubs by Mozilla), 스페이셜(Spatial), 이프랜드(ifland), 제페토(Zepeto), 젭(Zep)을 적용하여 블렌디드 러닝 수업을 구현한 사례를 소개하고, 각 플랫폼이 가진 핵심적인 기능은 무엇인지 살펴본다. 또한 수업 사례를 유형별로 구분하여 구체적으로 소개함으로써 교육자라면 누구나 자신의 수업과 메타버스를 융합하여 또다른 차원의 수업을 블렌딩할 수 있도록 방향을 제시한다. 이어지는 학생들의 소감과 학교생활기록부의 기록은 메타버스를 통한 수업이 교육과정·수업·평가·기록의 일체화에 실제로 기여할 수 있음을 드러내 준다.

CHAPTER 3. 학생 자율과 자치가 숨쉬는 스쿨 메타버스

학교생활의 큰 비중을 차지하는 창의적 체험활동이 메타버스와 만났을 때 어떠한 시너지 효과를 일으키는 지에 대해 사례를 통해 설명한다. 학생대토론회, 국제교류행사, 동아리 활동, 봉사 활동, 진로 활동에 통합 및 적용되는 과정과 결과물을 통해서 창의적인 체험을 제공하고자 하는 '창의적 체험 활동'을 재조명한다.

CHAPTER 4. 연구와 소통을 이어가는 메타버스 속 교사

학생에 대한 시선에서 잠시 벗어나 교사에게 초점을 맞춘다. 교학상장이라는 말처럼, 학생만큼이나 열심히 배우고 소통하며 성장해야 하는 교사들을 가로막은 '대면 활동 제한'의 울타리 속에서도 스스로를 학교 안팎의 공동체와 연결 짓고 지속적으로 소통하기 위해서 노력하는 교사의 지극히 비정상적이고도 정상적인 노력의 과정을 교사연구회 회장의 눈으로 톺아본다.

CHAPTER 5. 메타버스 진로 직업 탐구

메타버스를 중심으로 한 기술 변화의 흐름을 살펴보고 이를 기반으로 메타버스를 구현하는 여러 가지 기술 중 핵심 기술을 알아보면서 메타버스로 인해 새롭게 만들어진 직업들을 탐색해 본다.

CHAPTER 6. 학교: 어디에도 없고, 어딜 가나 있는

앞의 챕터들을 통해 메타스쿨을 향한 수많은 실천 사례와 방향이 제시되었다면, CHAPTER 6은 메타버스의 요소들과 기술적 혁신이 교육 현장에 깊게 스며든 근미래의 일상을 그려본다. 메타스쿨에 출근하는 교사의 일면과 메타스쿨에 등교하는 학생들의 일상의 단편들을 살펴보면서, 우리가 메타버스의 다양한 면모를 교육적으로 연구하고 적용하였을 때 교육의 미래에 관연 어떤 변화가 찾아올까를 생각해 보게 한다.

CHAPTER 1

What is a Metaverse?

메타버스가 뭐야?

01
메타버스의 유래

2021년 내내 수도 없이 들려온 '메타버스(Metaverse)'라는 단어는 누군가에게는 투자의 대상이 되고, 누군가에게는 공부할 거리가 되고, 또 누군가에게는 피로감을 주는 어려운 단어가 되었다. 특히, 2021년 10월 28일 페이스북 최고 경영자인 마크 저커버그(Mark Zuckerberg)가 사명을 '페이스북(Facebook)'에서 '메타(Meta)'로 바꾼다고 발표했을 때 메타버스에 대한 관심이 최고로 높아졌고, '메타버스'라는 검색어는 구글 트렌드 검색량의 정점을 찍었다.

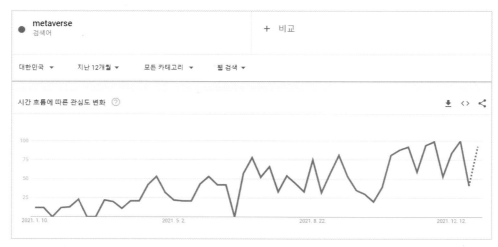

구글 트렌드 '메타버스' 관심도 변화
출처: trends.google.co.kr/trends/explore?geo=KR&q=metaverse

이후 11월 2일 마이크로소프트(Microsoft) 사도 온라인으로 개최한 글로벌 컨퍼런스를 통하여 '메타버스 기술 강화를 통한 디지털 세상으로의 연결'을 제시하였다. 그 구체적인 예로 다이나믹스 365 커넥티드 스페이스(Dynamics 365 Connected Spaces)와 팀즈용 메시(Mesh for Microsoft Teams)가 소개되었다.

메타버스는 '넘어서', '초월'을 뜻하는 그리스어 접두사인 Meta와 '세계', '우주'를 뜻하는 Universe에서 ~verse를 떼어 합성하여 만든 단어로 1992년 출간된 닐 스티븐슨(Neal Stephenson, 1959년 10월 31일 ~)의 소설 『스노 크래시(Snow Crash)』에서 처음 등장하였다. 이 소설에서 주인공인 히로 프로타고니스트는 현실 세계에서는 피자 배달부이자 마피아의 해커이지만 가상현실인 메타버스에서는 메타버스를 파괴하는 바이러스를 물리치는 최고의 전사로서 거침없는 활약을 보여준다. 『스노 크래시』에서 가상현실을 메타버스라 하고, 사람처럼 보이는 소프트웨어를 아바타라고 하는데 "눈에 보이는 모든 건 광섬유를 통해 내려온 정보에 따라 컴퓨터가 그려낸 움직이는 그림에 불과하다. 사람처럼 보이는 것은 '아바타'라고 하는 소프트웨어들이다. 아바타는 메타버스에 들어온 사람들이 서로 의사소통을 하고자 사용하는 소리를 내는 가짜 몸뚱이다."라는 표현에서 아바타와 메타버스의 모습을 그려볼 수 있다.

역주행의 신화라면 군인들의 뜨거운 응원으로 인기 그룹이 된 브레이브걸스와 조롱을 기회로 만든 월드스타 비의 깡이 떠오른다. 그러나 『스노 크래시』에 언급된 메타버스라는 단어가 2021년 전 세계를 뒤흔든 영향력을 생각한다면 역주행의 신화의 왕좌는 메타버스가 차지할 것이다.

2021년 11월 18일에 진행된 SBS 서울디지털포럼에서 닐 스티븐슨은 "메타버스의 요소들은 이미 현실에서 사용되고 있다. 다양한 온라인 게임에서 전 세계 플레이어들이 교류하고 있고, 소셜미디어 플랫폼에서 정치계가 소통하는 등 이미 수백만 명의 사람들이 메타버스를 일상적으로 사용하고 있다."고 말했으며 "가상현실과 메타버스의 장점은 '멀리 있지만 가까이 있다는 기분을 줄 수 있다'라는 것이다."라고 했다.

『스노 크래시』를 읽고 필립 로즈데일(Philip Rosedale, 1968년 9월 29일 ~)은 "내가 꿈꾸는 것을 실제로 만들 수 있다는 영감을 얻었다."라고 하며 현실 세계를 가상세계로 옮긴 '세컨드라이프'(secondlife.com, 2003년)를 서비스하였다. 구글 창립자인 세르게이 브린(Sergey Brin, 1973년 8월 21일 ~)은 세계 최초의 영상지도 서비스인 구글 어스

닐 스티븐슨의 「스노 크래시」
출처: nealstephenson.com/snow-crash

를 개발했으며, 『스노 크래시』는 이외에도 수많은 IT(Information Technology) 관련 종사자들에게 영감을 주었다.

5.25 인치 플로피 디스켓을 사용하고, 4 메가바이트(MB) 매킨토시 클래식 컴퓨터가 출시된 1992년에 손바닥만한 휴대용 컴퓨터, AR, VR 고글, 로봇 등을 예견한 닐 스티븐슨의 통찰력은 놀랍고, 감탄하지 않을 수 없다.

02
메타버스의 유형

2007년 미국의 비영리 연구 기관인 가속연구재단(ASF: Acceleration Studies Foundation) 그룹이 발간한 『메타버스 로드맵』을 보면 메타버스의 구성 요소를 증강 (Augmentation)에서 시뮬레이션(Simulation)에 이르는 기술과 내적인 것(Intimate)에서

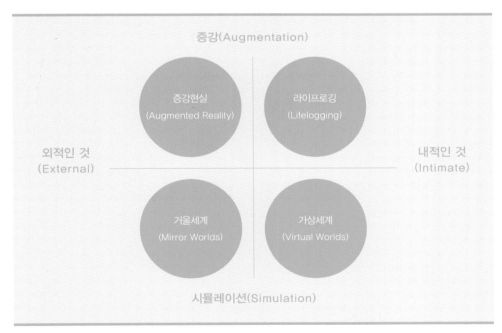

메타버스의 구성 요소
출처: www.metaverseroadmap.org/overview/

외적인 것(External)까지 아우르는 영역을 결합하여 증강현실(Augmented Reality), 거울세계(Mirror Worlds), 라이프로깅(Lifelogging), 가상세계(Virtual Worlds)로 분류하였다.

(1) 증강현실

증강현실[Augmented Reality(External/Augmentation)]은 현실의 이미지나 배경에 3차원의 가상 이미지를 겹쳐서 보여주는 기술이다. 증강현실에서 메타버스 기술은 우리의 일상적인 현실 세계 위에 네트워크 정보를 처리하고 레이어화하는 위치 인식 시스템과 인터페이스의 사용을 통해 개인을 위한 외부 물리적 세계를 강화하여 현실이나 환경을 보완한다. 증강현실에는 포켓몬고 게임(2017년 1월 출시, 모바일 앱을 다운받아 현실 세계의 위치 정보와 연동하여 스마트폰에 보이는 가상의 포켓몬을 잡는 게임), 전투기나 자동차에 적용된 HUD(Head-Up Display), 스마트 안경 등이 있으며, AR 기반의 그림책, 전자교과서, 학습 도구들이 이미 상용화되어 있다.

포켓몬고 홈페이지 캡처

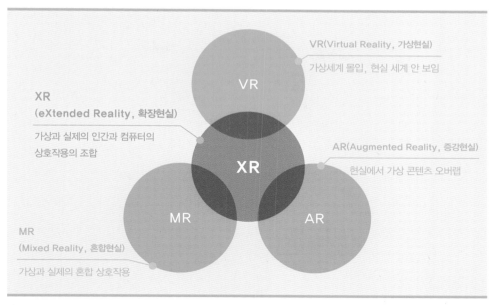

XR, VR, MR, AR

(2) 라이프로깅

우리는 블로그(Web + log), 브이로그(Video + blog) 등에 자신의 일상을 기록하는 것을 넘어서 이제는 인스타그램(Instagram)이나 틱톡(TikTok)에 사진 또는 짧은 영상을 공유하고 있다. 이렇게 라이프로그를 남기는 행위를 라이프로깅[Lifelogging(Intimate/Augmentation)]이라고 하고, 라이프로깅을 가능하게 해주는 모바일과 웹상의 모든 서비스를 라이프로깅 기술 또는 라이프로그 기술이라고 한다.

라이프로그 기술에서는 사용자가 언제, 어디서, 무엇을 보고, 듣고, 어떤 행동을 했는지에 대한 정보뿐만 아니라 그 당시의 온도, 조도, 습도와 같은 주변 환경 정보, 그리고 호흡, 혈압, 맥박과 같은 생체 정보까지 다양한 정보가 자동으로 기록된다. 그리고 증강기술은 개체와 자기 기억, 관찰, 통신 및 행동 모델링을 지원하여 개체와 사용자의 친밀한 상태와 삶의 이력을 기록하고 보관한다. 인스타그램, 페이스북, 트위터 등의 SNS(Social Network Service), 스마트 워치, 개인형 맞춤 피트니스 프로그램을 제공하는 나이키 트레이닝 클럽 등이 라이프로그 기술에 속한다.

(3) 거울세계

거울세계[Mirror Worlds(External/Simulation)]는 실제 세계의 모습, 정보, 구조 등을 거울에 비추듯이 똑같이 만들어낸 가상의 세상을 의미하며 정보로 강화된 가상 모델 또는 물리적 세계의 반향이다. 이들의 구조는 정교한 가상 매핑, 모델링 및 주석 도구, 지리 공간 및 기타 센서, 위치 인식 및 기타 생명 기록(히스토리 레코딩) 기술 등을 포함한다. 거울세계는 대면보다 효율적인 활용이 가능하다는 점에서 비즈니스, 교육, 교통, 유통, 문화 전반적인 콘텐츠로 확장되고 있다. 배달의 민족 등의 배달 앱 서비스, 에어비앤비(Airbnb), 구글 어스, 카카오맵 등의 지도 서비스가 대표적인 예이다.

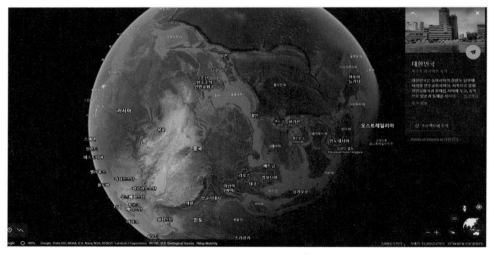

구글 어스 홈페이지에서 대한민국을 검색한 모습

(4) 가상세계

가상세계[Virtual Worlds(Intimate/Simulation)]는 실제 있는 것처럼 보이지만 실제가 아닌 만들어진 세계이다. 앞으로 가상세계와 물리적 세계의 구분은 점점 사라질 것으로 보이는데, VR 등의 하드웨어의 발달과 네트워크 통신의 발달은 3차원 공간에서의 실시간 상호작용 구현이 가능하도록 하는 큰 역할을 하고 있다. 대표적인 가상세계 플랫폼을 살펴보자.

세컨드라이프

앞에서 소개한 『스노 크래시』에서 영감을 받아 2003년 필립 로즈데일이 만든 가상현실 플랫폼인 세컨드라이프(Secondlife)는 메타버스의 원조라 할 수 있다. 세컨드라이프는 가상의 공간에서 아바타를 이용하여 대리 체험을 하는 사용자 참여형 커뮤니티 서비스이다. 사용자들은 세컨드라이프에서 스스로 아이템을 제작하거나, 다른 사용자들과 만나 커뮤니티 서비스(Social Network)를 즐길 수도 있다.

세컨드라이프에서 미국 대선주자였던 힐러리 클린턴 의원이 선거 유세활동을 벌이고, 토요타 자동차가 실제 자동차 신형 모델을 공개하여 가상의 화폐(린든 달러)로 판매하는가 하면, IBM, 델 등의 컴퓨터 업체가 지점을 설립하여 현실에서의 사업과 연결시켜 생산적인 사업 생태계를 구축하고 있다. IBM 미국 본사의 경우 세컨드라이프에 실제 본사와 똑같은 가상 환경을 만들어 놓고 있으며, 직원 회의도 세컨드라이프에 접속해서 하는 등 오늘날의 가상세계에서 이루어지는 대부분의 활동을 구현하고 있다. 우리나라에서는 2007년 당시 대통령 후보였던 이명박 한나라당 후보가 세컨드라이프에 '이명박 버추얼 캠프'를 공식 오픈했으며, LG CNS는 세컨드라이프의 'LG CNS 섬' 중앙에 상암 IT센터와 1층 로비, 홍보관인 '미래로' 등을 실제 건물과 똑같이 제작·개설하였다.

Draxtor Despres와 Jo Yardley가 함께하는 세컨드라이프 라디오 생방송 장면

로블록스

2021년 대한민국 구글 트렌드 검색어 1위를 차지한 로블록스(Roblox)는 2004년에 설립된 미국의 게임 플랫폼으로 미국 초등학생들의 놀이터라고 불린다. 레고 모양의 아바타를 이용해 가상세계 내에서 다른 사람이 만든 게임을 즐기거나 로블록스 스튜디오(Roblox Studio)를 사용하여 자신만의 게임을 만든다. 로벅스(Robux)라는 가상화폐를 이용하여 게임 내에서 여러 가지 아이템 구매도 가능하다.

로블록스는 코로나 19 이후 사회적 거리두기나 자가 격리 등으로 일상생활이 힘들어진 상황에서 가수들의 공연, 댄스 파티, 입학식, 졸업식, 신입사원 연수 등 다양한 종류의 행사들이 열리며 다른 사람들과의 의사소통과 만남의 장으로서의 역할을 톡톡히 하고 있다.

로블록스는 전 세계 180개 국가에서 이용하는 메타버스의 대표 주자이며, 로블록스코리아는 2021년 6월 16일 설립되었다. 현재 로블록스에는 950만 명의 개발자가 있으며, 로블록스에서 이들이 만든 2,400만 가지의 몰입도 높은 3D 체험 게임을 탐험할 수 있다.

로블록스 홈페이지 대문 사진

마인크래프트

2020년 3월 일본의 한 초등학교의 졸업식이 마인크래프트(Minecraft)에서 열렸다. 코로나 19로 휴교령이 내려진 가운데 학생들이 자발적으로 마인크래프트에 강당을 만들고 사이버 졸업식을 한 것이다. 이 졸업식은 전 세계의 여러 학교들이 졸업식이나 입학식 등의 행사를 마인크래프트에서 개최하는 계기가 되었고, 미국의 UC버클리 대학의 캠퍼스를 마인크래프트에 만드는 도화선이 되었다.

마인크래프트는 2011년 출시된 샌드박스 형식의 게임이다. 모든 것이 네모난 블록으로 이루어진 세계에서 혼자 혹은 여럿이 생존하면서 건축, 사냥, 농사, 채집, 탐험을 하거나, 직접 게임을 제작하는 등 정해진 목표 없이 자유롭게 즐기는 게임이다.

우리나라는 2020년 5월 5일 어린이날에 청와대에서 마인크래프트로 청와대 맵을 만들어 어린이들을 초대하여 큰 관심을 받았다. 유튜브 채널 '도티 TV'를 운영하고 있는 도티는 마인크래프트 안에서 미니 게임을 만들고 플레이하는 영상으로 큰 인기를 끌고 있다.

마인크래프트는 교육용 버전을 출시한 뒤 게임의 영역을 넘어 게이미피케이션과 코딩 교육에서 그 활용성과 효과를 인정받고 있다.

마인크래프트 홈페이지 대문 사진

제페토

미국에 로블록스가 있다면 대한민국에는 제페토(Zepeto)가 있다. 제페토는 2억 5천만 명 이상의 회원수를 자랑하는 대한민국의 대표 메타버스 플랫폼이다.

2018년 출시된 제페토는 스노우 카메라 앱에서 제공하던 3차원(3D) 아바타 콘텐츠를 독립 서비스로 제공하면서 출발하였다. 제페토 앱의 카메라로 사진을 찍으면 AI와 AR 기술로 커스터마이징한 3D 아바타를 만들어준다. 이렇게 만든 아바타를 여러 가지 아이템으로 꾸미고, 교실부터 테마파크까지 다양한 맵을 체험할 수 있으며, 문자, 음성, 이모티콘 등으로 SNS 활동도 할 수 있다.

현재 국내의 대표적인 엔터테인먼트 업체들이 제페토에서 다양한 K-POP 콘텐츠를 제공하고 있으며 명품샵, 편의점, 패션업체, 스포츠 의류업체, 멀티플렉스 영화관, 영화 홍보, 자동차 업계, 금융업계, 야구단 등 많은 업체들이 입점해 있다.

제페토 스튜디오에서 아바타 의상 등을 제작·판매하여 수익을 창출하는 크리에이터 수가 150만 명이 넘으며, 라이브 방송, 게임 스튜디오 등을 통한 수익 모델도 주목받고 있다. 제페토 앱에서 젬이라는 가상화폐를 사용하는데 이것은 현금으로 환전할 수 있다.

제페토 홈페이지 대문 사진

디센트럴랜드

디센트럴랜드(Decentraland)는 이더리움 블록체인 기반 플랫폼이다. 디센트럴랜드 사용자는 가상현실 세계에서 토지를 구매하거나 다른 사용자에게 토지를 판매하는 등의 다양한 활동을 할 수 있다. 삼성전자는 디센트럴랜드에 가상 매장을 설치하고 NFT (Non-Fungible Token, 대체 불가능 토큰)로 구입할 수 있는 제품을 발표하기도 하였다.

디센트럴랜드는 새로운 가상 부동산 수익 모델로 주목받고 있다. 토지는 마나 (MANA)라는 ERC20 토큰을 사용하여 구매할 수 있는데, 디센트럴랜드에서 구매한 토지는 이더리움 스마트 계약에 저장되어 있으며 대체 불가능하고, 타인에게 양도할 수 있으며, 유한한 디지털 자산이다.

디센트럴랜드 홈페이지 대문 사진

03
탑승! 메타버스

2020년에 발생한 코로나 19는 전 세계를 고립과 단절로 몰아넣었다. 그러나 우리는 시공간을 초월한 다양한 방법으로 코로나 19를 이겨내어 소통과 협업의 온택트 시대를 열었다.

마인크래프트 플랫폼에서 2020년 3월 졸업식을 한 일본의 초등학생들을 시작으로 UC버클리 대학교도 온라인으로 졸업식을 하였다. 펜실베니아 대학교, 버클리 음악대학, 오버린 칼리지 등의 학생들은 학교 운동장, 도서관, 강의실은 물론 푸드트럭까지 똑같은 거울세계를 만들었다. 북미와 유럽에서 특히 인기가 많은 배틀로얄 게임인 포트나이트(Fortnite)의 파티로얄이라는 공간에서 래퍼 트래비스 스콧의 콘서트가 열렸는데 2,770만 명이 관람하여 220억 원의 수익을 올렸으며, BTS의 싱글 '다이나마이트'의 뮤직비디오 안무 버전이 공개되어 큰 인기를 끌기도 하였다. 블랙핑크가 제페토에서 글로벌 팬사인회를 열고, 트와이스가 공연을 하는 등 메타버스는 새로운 공연 문화도 만들어가고 있다.

2021년 점프VR(이프랜드의 전신) 플랫폼에서 순천향대학교 입학식이 열렸으며, 플랫폼 안에 교실과 행사장 등이 구축되어 있어 실시간으로 수업을 하거나, 공연이나 발표회를 여는 등 다양하게 활용되고 있다.

2021년 12월 말에 이프랜드에서 2022 메타버스 서울 제야의 종 페스티벌이 진행되었다. 2022 메타버스 서울 제야의 종 행사는 카운트다운, 특별 공연, 퀴즈쇼 등 재미

SK텔레콤 뉴스룸

있는 프로그램을 실시간으로 함께 참여하고 즐길 수 있어 큰 인기를 끌었다.

국내 대학 공동 연구팀[1]은 가상(VR)·증강(AR)현실 등 메타버스 경험에 적용할 수 있는 '인간 피부-신경 모사형 인공 감각 인터페이스 시스템'을 세계 최초로 개발했다고 밝혔다. 이번 연구 결과는 국제 학술지 「네이처 일렉트로닉스(Nature Electronics)」에 게재되어 추가 연구 개발에 속도가 붙을 예정이다.

페이스북의 호라이즌은 로블록스 대비 우수한 그래픽, SNS 관련 UX 우위, 코딩 능력 필요 없는 콘텐츠 제작 체계를 겸비하여 우리를 더욱 쉽게 메타버스의 세계로 진입하게 할 것이다.

마이크로소프트도 애저 클라우드에서 혼합현실 가능성을 제공하는 메시(Mesh) 플랫폼을 발표했다. 메시는 물리적인 위치가 떨어져 있는 팀들이 가상현실에서 만나 아바타를 넘어 홀로그램으로 협업을 할 수 있도록 해 준다. 메타버스가 잘 작동할 수 있는 인프라의 발전은 우리가 '레디 플레이어 원'이라는 영화에서 본 가상현실을 가능하게 만들어 줄 것이다.

---

1 KAIST 바이오 및 뇌공학과 박성준 교수 팀이 고려대학교 천성우 교수, 한양대학교 김종석 박사 팀과 함께 한 것이다.

우리는 이미 메타버스 안에 살고 있다. 새로운 시대의 소통 공간으로 메타버스 플랫폼은 온택트 시대의 교실이 되고, 사무실이 되고, 공연장이 되었다. 그 안에서 유통되는 화폐가 있고 소득이 있으며, 나의 분신인 아바타로서 다양한 삶을 살아간다. 이제 메타버스는 생활이다.

04
학교와 메타버스

(1) WASD에서 움트는 학생 중심 활동

　학교와 교실 속 선생님들의 고민들을 하나하나 주제별로 엮어 보면, 아마 대부분 수업과 연결되어 있을 것이다. 수업을 '교사가 학생에게 지식이나 기능을 가르쳐 주는 일'이라는 정의에 따라서만 생각해 보면 어떻게 '가르칠까'를 고심하겠지만, 지금의 학교는 학생들이 어떻게 '배우도록' 할 것인지를 고민하고 있다. 이른바 '배움 중심 수업', '학생 중심 수업'이라 일컬어지고 있는 수업의 방향성이 그것이다.

　학생 중심 수업은 '가르친다고 해서 아이들이 그것을 다 습득하고 배우는 것은 아니다'라는 점을 이해하는 데에서 출발한다. 선생님들은 학생들이 학습 과정 자체에 초점을 맞추는 수업을 해내기 위해서 학생들이 흥미나 관심을 가지는 주제나 영역을 탐색하고, 이를 과목과 수업 속에서 녹여내려고 끊임없이 탐구하고 연구하고 있다. 그 고민의 흔적으로 학생들은 교실에서 다양한 모둠활동과 프로젝트 활동에 참여하고 있다.

　하지만 어떨 때는 이 '학생 중심'이라는 키워드가 부담이 되기도 한다. 학생들이 수업에 주도적으로 참여하도록 학습 자료와 안내 활동을 적절히 조절하여 제공하고, 도움이 필요한 모둠이나 학생들에 대해서 비계(Scaffolding)를 제공하는 방식이나 범위도 매 순간 교육적으로 계획하고 판단하며, 차시별로 성취 수준을 달성할 수 있도록 활동의 세세한 부분들을 기획하는 것은 교육적으로 너무나도 유의미하다. 하지만 차시마다 수많은 세부사항을 혼자서 조율해야 하는 부담감, 그리고 단원과 주제마다 학생들의 요구를 반영해 색다른 활동을 기획해야만 할 것 같은 압박감은 부담으로 다가오기도 한다.

그러다 문득 교사가 시키지 않아도, 집안 어른들이 말려도 아이들이 깊게 파고들어 주변에 무슨 일이 일어나는지도 모르게 만드는 '스마트폰 속 메타버스 활동'의 면면을 살펴보게 된다. 그렇게 배우게 하려고 머리를 쥐어짜는 교사의 노력이 무색하게도 화면을 뚫어져라 쳐다보면서 진지하게 몰입하고 있는 아이들의 모습을 보면 약간의 원망과 부러움이 함께 밀려들기도 한다.

척 보기에 단순해 보이는 버튼들이 있을 뿐인데, 대체 왜 그렇게 많은 학생, 사람들이 메타버스에 빠져드는 걸까? 그저 시의적절하게 버튼을 누르거나 글을 쓸 뿐인 것 같은데……. 이때 불현듯 어떤 생각이 뇌리를 스친다. '버튼을 누를지 말지를 결정하는 것은 사용자라는 것', 그리고 '그 버튼을 누르거나 누르지 않았을 때 주어지는 반응이 준비되어 있다는 것'.

그런 생각을 하다가 다시 수업에 대한 생각으로 돌아와 본다. '어쩌면 학생 중심이라는 말을 너무 거창하게 받아들이고 있는 것은 아닐까?' 학생 중심의 활동은 WASD키(게임에서 방향키로 자주 쓰이는 키보드 자판 배열)를 누를 수 있는 선택권에서부터 시작되는 것은 아닐까?

학생들이 WASD키와 같은 '버튼'을 본인의 선택에 따라 눌러 자신의 활동을 입력할 수 있고, 이에 따라 다양하고 짜임새 있게 준비해둔 교과 콘텐츠를 열람하거나 그에 관한 피드백을 받을 수 있는 메타버스를 구축할 수 있다면, 교사들은 학생 중심 수업의 본질, 선택권과 개별화된 피드백에 더욱 쉽게 다가갈 수 있을지도 모른다.

(2) 학생들과 함께 살아 숨쉬는 또 다른 방식

지금 학생들의 연령대를 일컫는 표현은 아주 다양하다. 디지털 네이티브(Digital Natives)부터 오장칠부를 갖고 태어난 세대라는 표현까지 있을 정도이다. 이러한 표현들이 나타내고 있는 점은 지금의 아이들은 '아날로그적인 존재'로만 규정할 수 없다

아이들은 심지어 '메타버스'라는 표현조차 모른다. 하지만 그들의 삶에서 '메타버스'는 떼려야 뗄 수 없는 커다란 생활의 일부가 되어 있다.

는 것이다. 이들의 삶은 오프라인에 얽매이지 않는다. 이들은 지금 이 세계(Universe)에서만 존재하는 것이 아니라 시공간을 뛰어넘는 온라인, 메타버스의 세계에서도 동시에 존재하고 있다. 두 공간('두 공간'이라고 구분 짓는 관점 자체가 매우 고리타분한 것일 수도 있다.)을 넘나드는 사람들의 생활 방식은 아날로그적인 삶에 치중했던 기존의 삶과는 매우 다르다. 이런 생활 방식과 세계관을 가진 학생과 교사, 혹은 기존의 생활 방식을 가진 교사 집단이 학교라는 물리적 공간에서 함께 어우러지고 있는 지금의 상황 속에서 어느 한쪽의 라이프스타일만을 일방적으로 강요하는 것은 관계 형성에서도 그다지 바람직하지 않을 수 있다. 더구나 앞서 다루었던 '학생 중심 수업'에 대해 고민해 오고 있었다면 말이다.

이렇게 이야기하면, 마치 학생들의 생활 방식은 학생들대로 다르고, 일부 선생님들의 생활 방식은 또 그들대로 차이가 있으니 이를 인정하고 상호 허용해 주는 방식으로 학교생활에서 조화를 이루어야 하는 것으로 생각할 수도 있겠지만, 실상은 조금 다르다. 어른으로서의 교사의 삶에도 이제는 '디지털 전환(Digital Transformation, 디지털 전환을 통해 4차 산업혁명이 실현된다.)'이라는 커다란 변화의 물결이 밀려들고 있다. 학생들의 삶의 방식은 단순히 이해해야 할 대상이 아니라 이제는 그 배에 올라 타야 하는 처지가 된 것이다.

초인공지능(강인공지능에서 자아를 가진 인공지능), 빅데이터, 사물 인터넷, 클라우드 컴퓨팅, 메타버스까지도 아우르는 정보기술의 발달로 말미암아 아날로그 세상의 '디지털 이주'가 본격화되고 있는 상황은 단순한 매체의 변화만을 의미하는 것이 아니다. 많은 인플루언서들과 정재계 공인들이 온라인 공간에서의 활동을 통해 실제 세상의 사회와 문화에 많은 영향력을 발휘하고 있다. 뿐만 아니라 디지털 세상에서도 블록체인 기술을 동반하여 기존의 재화가 가졌던 경제적인 영향을 갖는 화폐가 발행되기 시작했다. 이러한 디지털 공간 속 생활 방식은 우리가 교사로서 학생들의 사고방식과 세계관을 이해하는 데에도 필요하지만, 사실은 우리가 세상에 적응하고 이 세상을 제대로 바라보기 위해서 더더욱 필요한 시점이다.

이렇듯 메타버스는 오프라인 공간에서, 특히 코로나 19의 확산으로 물리적인 사람과의 교류, 장소의 이동이 급격하게 제한된 상황에서 해결하기 어려운 타인과의 소통, 그리고 교감이라는 인간의 욕구를 온라인에서 풀어갈 수 있는 공간을 제공하고 있기도 하다. 자신의 공간을 주도적으로 마련하기 어려운 학생들이 대리만족을 위해 메타버스를 찾는다는 점은 씁쓸하기도 하지만, 그렇기에 아이들이 어떻게 학교 밖에서 생활하고 있는지를 이해해야만 학생과의 관계 형성에 있어서도 더욱 심도 있는 접근이 가능할 것이다.

(3) 교육 활동 아카이빙을 위한 플랫폼

교사는 온라인 도구 기반의 원격 수업을 진행하기 위해 많은 선택을 해야 한다. 원격 회의 플랫폼을 활용한 소통형 실시간 수업을 진행할 수 있다. 대표적으로 줌 회의(Zoom Meetings), 구글 미트(Google Meet) 등의 어플리케이션을 활용한다. 또는 학급방 플랫폼을 적극적으로 도입하여 콘텐츠 기반, 혹은 과제 중심의 비대면 수업을 진행할 수도 있다. EBS 온라인 클래스라든지 클래스팅, 구글 클래스룸(Google Classroom) 등이 있다.

다양한 유형의 원격 수업을 진행하다 보면, 교사로서 어떻게 하면 학생들과 콘텐츠를 쉽게 주고받을 수 있는지에 대한 고민에 빠지게 된다.

원격 수업이 본격화되기 이전의 상황으로 돌아가 보자. 선생님들은 학습지나 과제를 위한 양식을 PC에 설치된 워드프로세서로 작성했다. 그리고 작성된 파일을 인쇄하여 학생들에게 직접 나누어주거나 메일로 전송했다.

학생들도 마찬가지다. 특히 과제를 컴퓨터로 진행할 때로 한정해 보면, 역시 설치되어 있는 워드프로세서를 이용해 과제를 작성한다. 이 과제물을 제출할 때에는 인쇄해서 선생님께 직접 제출하거나, 메일이나 메시지에 자기가 작성한 파일을 첨부해서 선생님께 전송했었다. 디지털 기반의 작업물이지만 여전히 그 전달 방식은 아날로그적이고, 단방향이며, '소유'에 기반한 상호작용이었다. 실로 무전기와 같은 소통방식이지만 고작 1~2년 전까지만 해도 이러한 방식으로 학습 과제를 수행하는 일이 당연하였다.

하지만 코로나 19의 유행으로 모든 학생이 원격 수업에 전면적으로 참여하게 되면서 이러한 과제수행 방식이 큰 난관에 봉착하게 되었다. 먼저 PC나 워드프로세서 프로그램이 없는 학생들이 있었던 것이다. 이러한 상태에서 학생들에게 과제를 어떻게 차별 없이 제공할 것인지부터 고민하게 되었다. 휴대전화 메신저나 메일 등을 활용해서 어찌어찌 학생들에게 과제를 제공하고 나면, 학생들이 완성한(또는 아직 미완성인) 과제물이나 자료들이 물꼬를 튼 듯이 무섭게 쏟아져 내리기 시작했다. 완전한 비대면을 유지해야 하는 상황에서 이제 PC 기반의 또는 설치 프로그램 기반의 워드프로세서만 고집해서는 과제를 원활하게 부여하고, 수합하여 관리하는 것이 비효율적인 방법이 되었다.

이제 학생들을 위한 학습 과제는 소유에서 벗어나 공유를 기반으로 하는 협업 플랫폼을 통해 제작되고 제공되는 방향으로 나아가고 있다. 게다가 언제, 어떤 기기를 가지고 있어도 과제에 접근할 수 있는 호환성이나 접근성도 매우 좋아지고 있다. 개별 파일이 사본에 사본을 거듭하면서 기기에 저장되는 것이 아니라, 온라인상의 콘텐츠, 가령 영상이나 문서로 접근할 수 있는 주소(링크)가 공유되고, 이를 통해 문서에 접속하고 있다. 그리고 대부분의 프로그램이 이제는 기기에 설치되기보다는 인터넷 브라우저에서 웹 사이트에 접속하는 것만으로 실행되는 이른바 '웹 앱'의 방식으로 배포되고 있다.

2년이 채 되지 않는 짧은 시간 동안 원격 수업에 대한 수없는 진일보가 있었지만, 지금도 선생님들은 현장에서 더 나은 원격 수업, 또는 블렌디드 수업을 연구하고 있다. 크고 작은 시행착오를 거쳐왔던 선생님들의 고민은 접근성과 호환성이 발전하고 있는 다양한 플랫폼들 사이에서 어떤 것을 주 플랫폼으로 설정하고, 여기에 다른 플

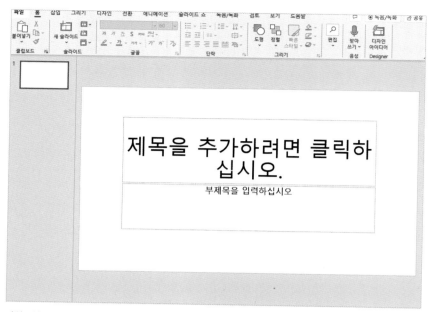

파워포인트의 화면. 프로그램을 기기에 설치해야 사용할 수 있다. 파일도 컴퓨터에 저장된다.

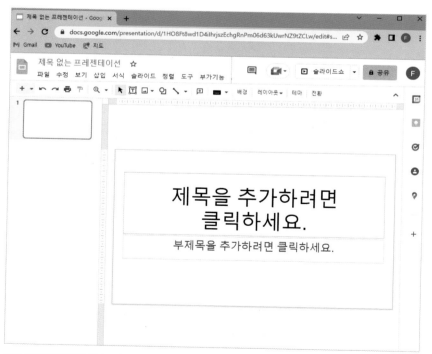

구글 프레젠테이션의 화면. 별도의 설치 없이 웹 브라우저 위에서 프로그램이 실행된다. 제작한 슬라이드 파일은 온라인 저장 공간에 자동 저장된다.

랫폼들과 에듀테크 도구들을 일원화하여 학생들이 더 원활하게 다양한 콘텐츠를 탐색하게 할 것인가이다.

메타버스 플랫폼들은 이러한 중심 플랫폼의 역할을 충실히 수행할 수 있을 것으로 예상된다. 우선 최근 개발되고 출시되고 있는 메타버스 플랫폼은 앞서 언급했던 '원격 회의 어플리케이션'과 '학급방 어플리케이션'의 역할을 동시에 수행할 수 있다. 게더타운(Gather Town)이나, 젭(ZEP), 한컴타운, 두나무와 같은 메타버스 기반의 회의 솔루션 서비스의 경우 사용자 자신이 원하는 공간을 직접 디자인하고 그 공간을 다른 사용자들에게 공개하거나 이들을 초대하여 활동을 이어갈 수 있다. 메타버스 공간에 접속한 사용자들이 서로 가까이 접근하면 카메라와 마이크가 켜지면서 원격회의를 바로 진행할 수 있게 된다. 기존의 회의 어플리케이션이 제공하고 있는 화면 공유나 채팅 기능을 그대로 탑재하고 있으므로 회의 어플리케이션을 대체하거나 더욱 발전된 형식의 회의를 진행할 수 있다. 또한, 공간의 공개 범위를 어떻게 설정하느냐에 따라 학급 구성원들을 위한 공간이 될 수도 있고, 학교 구성원 모두가 참여하는 공간이 될 수도, 더 나아가 누구나 접속할 수 있는 공용 공간으로 사용될 수도 있다. 이로써 '학급방'의 역할도 충분히 가질 수 있는 것이다.

여기서 메타버스 공간과 그 플랫폼이 갖는 또 하나의 특징은 '지속적'이라는 것이다. 화상회의 서비스로 실시간 원격 수업을 진행하는 모습을 상상해 보자. 수업 시간 동안 선생님은 캠코더와 마이크를 켠 상태에서 학생들과 적극적으로 소통하면서 수업을 진행한다. 동시에 채팅과 화면 공유 기능을 통해 다양한 수업 자료와 활동을 링크 또는 파일로 제공한다. 아이들은 목소리로, 채팅으로 링크를 타고 들어가 열심히 활동에 참여한다. 한 차시의 수업이 끝나면 호스트 권한을 가진 교사는 아이들과 인사를 나누고 '회의 종료'를 누른다. 그 순간 원격회의에 참석했던 교사와 학생들은 모두 회의실 밖으로 나가게 된다.

원격회의 서비스는 주로 업무나 회의가 필요한 상황에서 즉각적으로 모이고 흩어지기에 적합한 기능이 갖추어져 있는 만큼, 그 회의에서 맺어진 관계나 맥락을 이어갈 수 있는 '지속성'의 측면에서 다소 단절되는 모습을 보여준다. 똑같은 수업을 위해 교사가 회의를 개설했더라도 이것은 결국 또 다른 회의방이 새로 만들어진 것일 뿐이다.

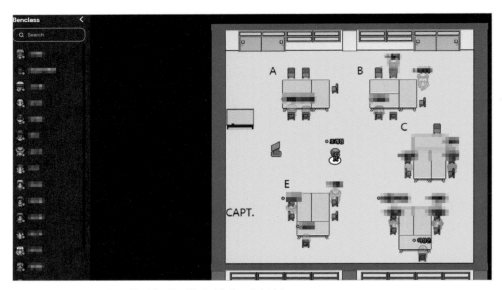

가상공간에서 소통하고 업로드한 내용들은 이후에 접속해도 남아 있다.

반면, 메타버스 공간은 이 지속성에 있어서 사용자에게 친숙함과 맥락을 제공한다. 사용자들은 언제 모이더라도 동일하게 디자인된 공간에 접속하고 그 공간에서 소통하기 때문에 시각적인 친숙함과 지속성을 느끼게 되는 것이다. 게다가 이 공간은 호스트가 퇴장한다고 해서 방이 '폭파'되거나 사용자들이 튕겨져 나오는 느낌의 단절이 발생하지 않는다. 따라서 해당 메타버스 공간은 접속이 허용된 사람이라면 누구든, 언제든 그 곳에 상주하면서 자기들끼리 소통과 관계를 이어갈 수 있는 안정적인 장소로서의 기능을 할 수 있다.

메타버스 서비스는 과제나 콘텐츠의 관리라는 부분에도 중심 플랫폼의 구실을 할 수 있도록 디자인되어 있다. 메타버스 공간을 구축하는 사용자는 직접 다양한 오브젝트들을 배치하여 공간의 실재감을 살리거나, 활동을 위한 구성에 내실을 다지기도 한다. 이 오브젝트에 영상이나 다른 협업 플랫폼으로 접속할 수 있는 링크를 적용하여 공간 곳곳에 나열할 수도 있다. 개조식으로 또는 텍스트로 과제나 학습 과제물들이 나열되어 있었던 기존의 학습관리체계(LMS: Learning Management System)에서 한 발 더 나아가 메타버스라는 실재감과 시각적인 공간감을 갖추고 있는 공간에 학생들의 학습 과제와 교과의 다양한 콘텐츠들이 그대로 녹아들게 함으로써 학습자들에게 배움의 맥락을 계속 이어갈 수 있도록 할 수 있다. 뿐만 아니라 그 공간 자체가 하나의 거대한 오픈 포트폴리오가 되어 학생들의 수업 참여 흔적이 아카이빙(누적 기록, 보관)되는 의미 있는 공간으로 거듭날 수 있을 것이다.

CHAPTER 2

Classrooms in Metaverse Where Curriculum Gets Prominent

교과 수업을 담는 메타버스 속 교실

01
수업 in 메타버스

2020년부터 전 세계로 확산된 코로나 19(COVID-19)로 인하여 오프라인 만남이 어려워졌다. 그러다 보니 재택근무를 하는 직장인들이 늘어나고 학교 수업도 원격 수업으로 전환되면서 줌(Zoom)과 구글 미트(Google Meet) 등의 화상 회의 플랫폼이 등장하였다. 이러한 화상 회의 솔루션은 비대면 시대의 필수품으로 자리잡았지만, 연이은 화상 회의와 채팅으로 사용자들은 극심한 피로감과 스트레스를 호소했다. 해외에서는 '줌 피로증후군(Zoom Fatigue)'이라는 신조어도 등장하였다. 이는 화상 회의 통신망인 '줌' 이용 후 찾아오는 정체 불명의 피로감을 뜻한다. 미국 스탠퍼드대학교 제레미 베일런슨(Jeremy Bailenson) 교수는 심리학적 관점에서 '줌 피로증후군'의 원인을 규명한 논문을 미 심리학협회 학술지 「기술, 정신, 행동」에 게재하였다. 이에 따르면 눈 마주침, 화면의 크기, 거울 속 내 얼굴을 장시간 보는 기분, 제한된 상황에서의 비언어 신호에 집중해야 한다는 점 등이 줌 피로증후군의 원인이라고 한다.

이럴 때 등장한 플랫폼이 바로 게더타운(Gather Town)이다. 실제 교실을 가상공간 템플릿을 활용해 메타버스로 옮기고, 현실 속의 내가 아닌 또 다른 나를 아바타로 설정해 동료들과 협업할 수 있는 가상 교실이 열린 것이다. 게더타운은 교실과 비슷한 환경과 활동을 구현할 수 있으면서 현실과 다른 초월적인 나로 살아갈 수 있는 재미까지 주고 있어, 원격 수업에 적극적으로 활용할 수 있는 장점을 가지고 있다.

(1) 게더타운을 활용한 수업 사례

게더타운은 PC나 모바일 등 장치에 구애받지 않고, 어디서나 접속할 수 있으며, 구글 계정을 활용한 간단한 등록으로 접근도 쉽다. 활동 시간에 제한이 없으며, 연결 링크를 통한 초대가 쉽고 줌과 동일한 요소가 많아 학교 현장에서 활용이 용이하다. 지금까지 나와 있는 메타버스 플랫폼 중에서 가장 자유롭게 공간을 구성할 수 있으며 동영상, 파일, 화면 공유 등 다양한 방법으로 다양한 자료를 활용할 수 있어 수업

게더타운 홈페이지 화면

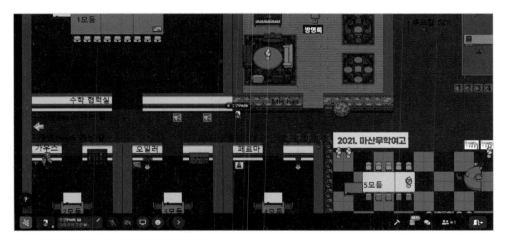

모둠 수업이 진행되고 있는 게더타운 공간의 모습

게더타운을 통해 구현된 O × 퀴즈룸

옥상 정원에서 과제를 제출하는 학생들

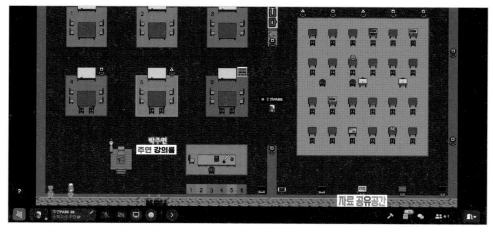

전체 강의와 소그룹 수업을 유연하게 전환할 수 있는 게더타운 공간

에 이용하기 적합한 플랫폼이라 할 수 있다. 또한 카메라와 마이크, 채팅을 통한 상호 작용으로 학생들과 소통하기 적합하며, 2D 화면 구성으로 초보자도 쉽게 공간을 구성할 수 있는 장점이 있다.

블렌디드 수업 진행을 위해 게더타운을 활용한 수업 사례를 유형별로 소개하고자 한다.

실시간 쌍방향 수업 구현

> **수업에 사용한 대표적 기능**
>
> - **화면 공유(Screen Share)** 게더타운에서도 줌처럼 화면 공유가 가능하다. 화면 아래 왼쪽의 바에서 중앙 모니터를 클릭한다. 공유할 화면이나 파일을 선택하여 화면 공유를 한다.
> - **이모티콘** 게더타운에서는 이모티콘을 사용할 수 있다. 화면 아래 왼쪽의 바에서 오른쪽 ☺ 모양의 아이콘을 클릭하면 6개의 이모티콘이 나타난다. 모양을 직접 클릭해도 되고, 번호를 눌러 사용해도 된다.
> - **채팅(Chatting)** 화면 오른쪽 하단에 말풍선 모양을 클릭한다. 누구에게 보낼 것인지 선택하여 메시지를 보내면 된다.
> - **스포트라이트(Spotlight)** 한 공간에 입장한 참가자들에게 전체 방송이 가능한 기능이다.

게더타운은 줌과 동일한 형태의 수업이 가능하여 학생들의 실시간 참여를 유도하기 용이하다. 즉 비대면 원격 수업을 실시간으로 운영하는 교실과도 같은 역할을 충분히 할 수 있다.

특히, 게더타운에는 교실을 룸으로 연결하여 학교로 활용할 수 있는 템플릿이 있다. 교사들은 한 반 전체 학생을 대상으로 수업을 진행할 수 있는데, 화면 공유를 통해 줌과 동일한 형태의 수업이 가능하다. 교사는 먼저 그날 수업에 필요한 학습 자료를 미리 준비한다. 기존에 사용하던 웹사이트나 게시판, 구글 문서 등을 오브젝트에 연동하여 학생들이 게더타운에 입장하여 활용할 수 있도록 한다. 강의식 수업이 가능한 교실 공간에 학생들은 자신의 아바타로 입장하여 방향 키를 통해 지정된 교실로 이동한다. 교사는 사전에 수업을 위해 준비한 프레젠테이션 자료 등을 이용하여 전체 학생을 대상으로 수업을 진행한다. 평소 줌이나 대면 수업에서 학생들에게 강

게더타운의 화면 공유 인터페이스

화면 공유 기능을 통해 파워포인트 화면을 공유한 모습

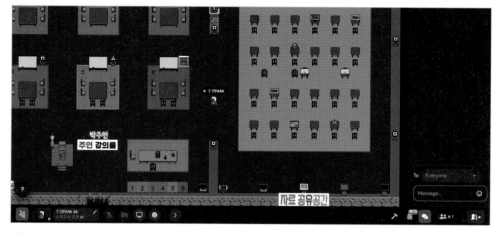

말풍선을 클릭하면 실시간으로 채팅이 가능하다.

의식 수업을 진행했던 것처럼 학생들에게 그날 수업 내용을 화면 공유를 통해 보여줄 수 있다. 학생들은 채팅 기능을 이용하여 수업 중에 학생 또는 교사에게 질문이나 의문 사항을 물어볼 수도 있고, 아바타를 이동하여 교사와의 일대일 화상 회의를 시작할 수도 있다. 또한, 하단의 이모티콘 버튼의 손들기 버튼 또는 숫자 키 6을 눌러 교사에게 질문을 표현할 수도 있다. 교사는 수업 중에 학생들의 질문에 대해 즉각적인 피드백을 할 수 있어서 효과적으로 수업을 진행할 수 있다.

모둠 협력 학습 활동 구현

수업에 사용한 대표적 기능

- 화이트보드(White Board) 게더타운에서 가장 많이 사용하는 기능이다. 오브젝트에서 선택하여 삽입 가능하며 'Note'와 'Canvas'를 사용할 수 있다.
- Private Area 개인 공간이라고 불리며, 그 공간에 함께 있는 참가자들과 비디오, 오디오 기능이 활성화되어 소통이 가능하다. Private Area에 들어가면 주변은 어둡고 공간은 밝아진다.

게더타운에는 모둠(소그룹)의 학생들이 함께 학습할 수 있는 작은 공간 템플릿이 있다. 기본적으로 학생들과 수업을 할 때 Classroom(Small) 템플릿을 선택하여 모둠별

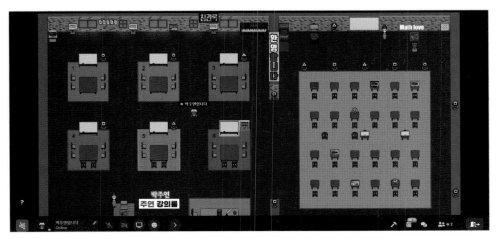

수업 중 화이트보드를 활용하여 모둠 활동을 진행하는 모습

수업을 진행한다. 학생들에게 모둠을 배정하고 각자 모둠으로 이동하여 모둠별로 의자에 앉도록 한다. 학생들은 모둠에 배정된 화이트보드를 통해 브레인스토밍하며 모둠별 과제를 해결한다. 화이트보드의 다양한 기능을 이용하면 모둠 활동의 효율을 높일 수 있다.

'Both'를 선택하면 화이트보드를 두 개로 나눌 수 있다. 'Note'를 선택하면 왼쪽 화면을 전체 화면으로 사용할 수 있고, 'Canvas'를 선택하면 오른쪽 화면을 전체 화면으로 사용할 수 있다. 화이트보드는 삭제하지 않으면 그대로 화면에 남아 보여지며, 수시로 사용이 가능하므로 모둠 수업을 진행할 때 편리하다.

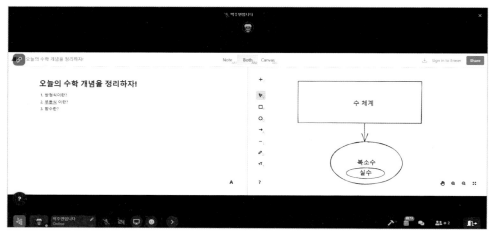

화이트보드의 노트(Note)와 캔버스(Canvas) 기능을 이용한 모습. 정돈된 텍스트(노트)와 이미지 위주의 드로잉(캔버스) 화면을 동시에 공동작업할 수 있다.

또는 수업 진행 시 전문가 집단, 멘토·멘티, 튜터·튜티, 턴테이블 토론(둘 가고 둘 남기) 등의 활동에서는 소주제를 담당할 학생들이 각 공간에 모여 자신이 학습한 내용을 다른 학생들에게 가르치는 수업을 진행할 수 있다. 심화 주제나 연구 주제 또는 문제를 주고 전문가와 멘티 학생들이 다른 학생들에게 설명하고 풀어낼 수 있도록 각 소그룹에 모아 사전에 안내한다. 전문가 학생들은 각 소그룹에서 학습한 후 본래의 모둠으로 돌아가 모둠의 다른 학생들에게 설명하면서 하브루타 수업도 진행할 수 있다. 모둠 내 피드백과 모둠 간 피드백 활동이 가능하고 과제를 함께 해결함으로써 학생들의 의사소통, 협업, 메타인지 능력 향상 등을 기대할 수 있다. 나아가 이러한 수업을 통해 학생들은 친구들과 함께 문제 상황을 해결하는 과정에서 시행착오를 겪으며 다양한 경험과 성취감을 맛볼 수 있는 기회를 가질 수 있다.

학생들과 함께 수학사를 공부하는 단원에서 다양한 형태의 모둠 활동 구현이 가능하다. 교실 공간과 같은 장소를 게더타운의 발표 공간으로 구성해 각자 공부한 수학자와 수학사에 대해 발표하거나, 발표 공간을 Private Area로 묶어 그 방에 입장한 발표자와 학습자만 모두 대화할 수 있도록 구성하거나, 교사의 특별한 개입 없이 모둠 수업을 할 수도 있다.

콘텐츠 활용 수업 구현

수업에 사용한 대표적 기능

- **동영상 삽입 오브젝트** 게더타운은 다양한 오브젝트를 제공한다. TV나 Bulletin 등의 오브젝트에 'Embedded Video' 기능으로 동영상 삽입이 가능하다.

수업에 사용한 플랫폼
유튜브, Vemeo 등 수업 영상

교육부와 한국교육과정평가원은 2020년 국가수준 학업성취도 평가 결과를 발표[1]하였다. 이 결과는 코로나 19가 발생한 이후인 2020학년도 학생들의 학업성취 수준 등을 확인할 수 있는 공식 통계이다. 또한, 추가적으로 코로나 19에 따른 원격 수업 환경에 대하여 학생 설문을 실시하였다. 그 결과 중·고등학교 모두 원격 수업 상황에서도 교사의 지도 및 학교 친구와 함께 학습하는 것에 대해 긍정적으로 응답한 비율이 높았다. 특히, 원격 수업 유형 중 도움이 된다고 응답한 비율이 가장 높은 항목은 중·고등학교 모든 교과에서 '학교 선생님이 직접 제작한 수업 영상(59.6%)'으로 나타났다. 교사들은 코로나 19 상황에서도 학생들의 학력 향상을 위해 다양한 에듀테크를 활용해 학생 수준에 맞는 수업 영상을 제작한 후 구글 클래스룸이나 에드위드 등

---

1 교육부, 2020년 국가수준 학업성취도 평가 결과, 2021.06.02.

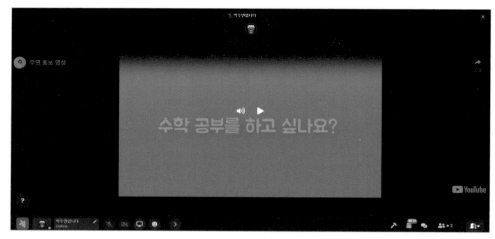

오브젝트에 유튜브 영상을 탑재하여 누구나 볼 수 있다.

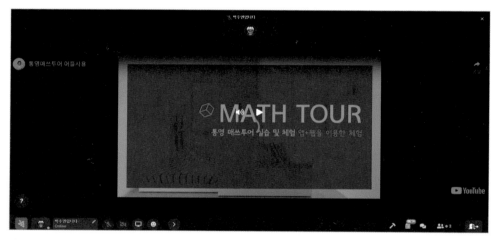

안내 및 수업 내용 동영상을 직접 제작하여 학생들에게 제공 가능

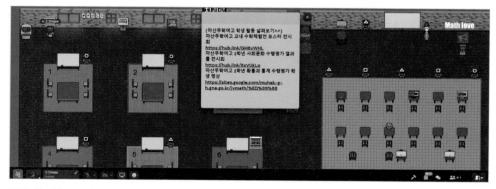

콘텐츠를 담은 오브젝트를 노트 기능으로 제시하여 누구나 접근 가능

에 탑재했다.

게더타운 역시 비디오를 연결할 수 있는 오브젝트를 제공한다. 미리 만들어 놓은 영상을 유튜브나 Vemeo에 올려 놓은 주소와 연결하거나 유튜브 라이브(라이브 스트리밍)와 연결하여 두면 된다.

52쪽의 그림과 같이 영상이 보이고 교실 공간에 있는 학생들이 오브젝트에 접근하여 'X' 버튼을 클릭하면 연동된 웹사이트에 탑재된 영상을 시청할 수 있다.

과제 수행 중심 수업 구현

수업에 사용한 대표적 기능

- 웹사이트 삽입 오브젝트 게더타운은 다양한 오브젝트를 제공한다. TV나 Bulletin 등의 오브젝트에 'Embedded Website' 기능을 이용하여 웹사이트 연결이 가능하다.

수업에 사용한 플랫폼
Desmos, 알지오매스 등 수학 기하 프로그램, 구글 문서, 패들렛 등의 과제 수행을 위한 문서

게더타운은 교육과 관련된 다양한 오브젝트를 삽입하고 도구들과 연동하기 쉬워 학생들이 과제를 수행하는 수업에 활용할 수 있다. 형성평가나 과제 제출 등을 위해

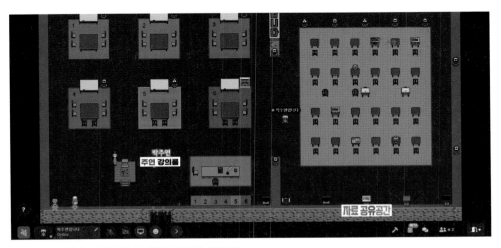

오브젝트에 웹사이트를 삽입하여 다양한 도구들과 연동 가능

오브젝트에 질문 보드를 임베딩하여 학생들이 언제든 질문하고 답변 확인 가능

오브젝트에 연동된 Desmos로 학생들이 언제든지 문제 해결 가능

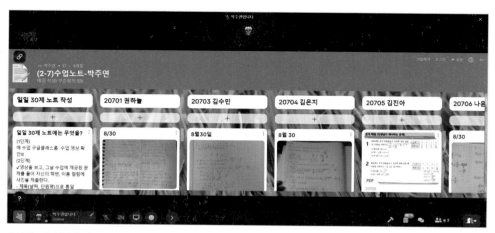

오브젝트에 연동된 패들렛으로 과제 제출 가능

게더타운을 활용한 사례를 소개하고자 한다.

수학과에서는 수업을 위해 다양한 공학용 도구가 개발되어 있는데, 그 중에서도 Desmos를 활용한 수업을 진행하였다. 먼저 주요 핵심 개념을 포함한 다양한 단답형, 서술형 문항을 구성해 학생들의 개념 이해를 다양한 방식으로 측정할 수 있도록 Desmos의 액티비티를 제작한다. 게더타운의 오브젝트를 이용하여 학생들이 Desmos에 바로 접근할 수 있도록 URL을 연동한다. 게더타운에 입장한 학생들은 문제가 탑재된 공간에서 오브젝트에 접근한다. 'X' 버튼을 클릭하면 연동된 웹사이트로 이동하므로 학생들은 문제를 열어 해결할 수 있다.

교사는 학생들이 문제를 해결하는 과정을 관찰하고 도움이 필요한 학생에게 이동하여 일대일 피드백을 제공하거나, 실시간으로 학생들의 답안을 확인한 후 개별 피드백이 가능하다.

또한, 학생들에게 패들렛, 구글 설문지 등을 통하여 문제를 제시하고, 학생들은 그 문제를 풀어 자신이 푼 과정과 함께 제출할 수 있다. 학생들은 구글 문서를 이용하여 교사의 질문에 자신의 생각을 체계적으로 정리하고 작성한 후 제출하며, 교사는 학생들이 제출한 문서를 통하여 실시간으로 학생들의 문제 해결 과정을 관찰할 수 있고, 학생들에게 맞춤형 피드백을 제공할 수 있다.

○× Quiz 수업 구현

수업에 사용한 대표적 기능

- Private Area ○와 × 공간의 퀴즈 룸을 Private Area로 구성한다.
- 스포트라이트(Spotlight) 퀴즈 룸에 입장한 참가자들에게 퀴즈 진행을 위한 무대 공간으로 활용한다.
- 화면 공유(Screen Share) 퀴즈 문제가 포함된 프레젠테이션 자료를 미리 구성하여 화면 공유로 퀴즈를 진행한다.

수업에 사용한 플랫폼
○× 퀴즈를 위한 이미지 파일, 퀴즈가 포함된 프레젠테이션 자료 등

게더타운에 대한 정보를 얻을 수 있는 네이버 카페
출처: https://cafe.naver.com/gathertown

네이버 카페에서 맵 이미지 등 다양한 파일을 구할 수 있음

　게더타운 템플릿 중에서 Blank 공간으로 ○× 퀴즈 룸을 구성하여 수업을 진행할 수 있다. 바닥면에 ○와 ×를 이미지로 그려 2D로 구성할 수도 있지만, 이미지 파일을 업로드하여 제작한다면 3D의 공간으로 제작할 수도 있다.

　학생들과 각 단원별 내용이 마무리된 후 이미지 파일로 퀴즈룸을 만들고 개념 정리를 위한 퀴즈 수업을 진행하였다. 교사가 사전에 퀴즈 문제를 제작하고 이를 프레젠테이션 자료로 구성한 후, 학생들을 퀴즈 존으로 초대하여 화면 공유로 제시되는 문제를 풀도록 한다. 또는 학생들과 재미있는 활동을 위해 합답형의 다양한 문제를

학생들과 함께 간단한 퀴즈를 풀 수 있는 퀴즈 공간

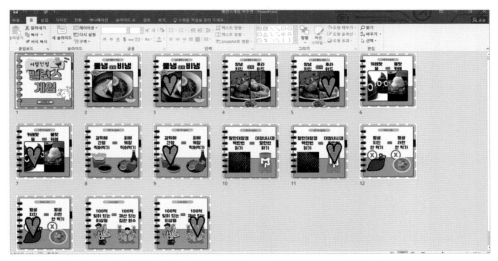

학생들과 함께 퀴즈 공간에서 밸런스 게임을 통해 마음을 나누는 활동을 진행

활용한 수업을 진행해도 된다.

　국어나 사회과 교사들은 주제를 제시한 후 찬성과 반대로 나누어 토론 수업으로 구성해도 좋을 듯 하다. 의자와 책상 오브젝트를 배치하여 아바타가 스포트라이트에서 자신의 주장의 근거를 발표하기도 하고, 상대방의 의견을 들어보기도 하면서 토론 수업이 가능할 것이다.

　뿐만 아니라 코로나 19로 인하여 강당이나 체육관에 전 학년 혹은 전교생이 모두 모여 '도전 골든벨'과 같은 단체 행사를 진행하기 어려우므로 메타버스 공간을 이용한다면 전교생이 참여할 수 있는 다양한 비대면 단체 행사도 진행할 수 있다.

체험 활동 구현

수업에 사용한 대표적 기능

- 타일 효과(Tile Effects) 미로 체험을 위해 바닥에 타일 효과를 나타내어 게더타운을 제작한다.
- Respawn 미로 체험 공간에서 충분한 시간 동안 미로를 탈출하지 못한 학생들을 구출하는 방법으로 화면 아래 왼쪽의 바에서 자신의 이름을 클릭한다. Respawn을 클릭하면 아바타가 처음 맵에 입장할 때 등장한 장소로 공간 이동할 수 있다.

수업에 사용한 플랫폼
미로가 그려진 이미지 파일

수학여행은 학창 시절에 친구들과 함께 멋진 경험을 나눌 수 있는 학교 행사의 꽃이다. 또한 수학여행은 교사의 인솔 아래 실시하는 체험 활동으로, 학생들이 평상시에 경험하지 못한 곳에서, 자연 및 문화를 실제로 보고, 들으며 지식을 넓힐 수 있는 교육 활동의 하나이다. 경험을 통한 지식 확장뿐만 아니라 스트레스 해소에도 많은 도움이 된다.

그러나 코로나 19로 인해 학생들은 야외 활동에 제약을 받았으며, 학교 내에서도 모둠이나 단체 활동에 어려움을 겪었다. 다수의 학생들이 함께 이동을 하고 마스크를 벗고 숙소에서 같이 잠을 자는 등의 행사는 2020년부터 불가능한 상태였다. 이처럼 코로나 19 팬데믹 사태를 겪는 학생들을 위해 게더타운에서 다양한 체험 활동을 경험할 수 있는 방안을 구상하였다. 예전에 학생들과 제주도의 메이지랜드를 방문한 경험을 되살려 게더타운 공간에서 학생들이 체험할 수 있는 미로를 제작하였다.

미로(迷路)는 출발점부터 시작해 도착점까지 도달하는 퍼즐로 어지럽게 갈래가 져서 한번 들어가면 빠져나오기 어려운 길이다. 미로는 길을 잃게 만들어 목표 지점에 도달하기 어렵게 만드는 구조이고, 미궁(迷宮)은 목표 지점에 도달할 때까지 갈림길이 없이 연결되도록 한 것이다.[2]

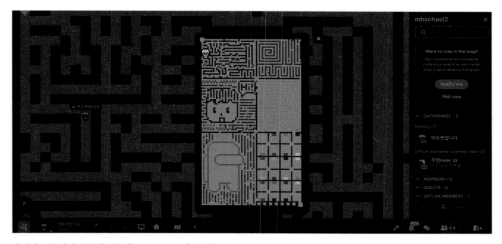

메타버스 공간에 마련된 미로 'Maze Land'의 모습

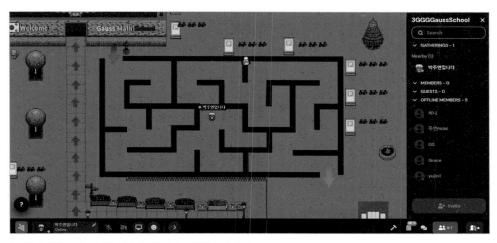

운동장에 직접 만든 미로를 통해 학생들에게 다양한 흥미 제공

　학생들은 소설이나 영화에서 미로를 헤매는 이야기를 접해 본 적이 있으며, 가장 빠른 탈출로를 찾는 데 묘미를 느낀다. 먼저 학생들과 미로를 탈출하는 수학 원리 및 미로의 역사적인 기원에 대해 수업을 진행한다. 검색 사이트를 활용하여 미로에 대해 찾아보고, 미로 제작 사이트를 통해 다양한 옵션과 값을 설정하여 자신만의 미로를 제작하거나 정보 교사와 협업하여 컴퓨터 언어로 미로 찾기 알고리즘을 만들고 직접

---

　　　　　　2 출처: 위키백과, 미로의 정의, https://ko.wikipedia.org/wiki/%EB%AF%B8%EB%A1%9C

랜덤 미로를 생성하는 것도 좋은 방법일 것이다. 학생들과 미로 수업 후 제작된 작품 중에서 하나를 선정하고, 교사는 게더타운의 타일 효과(Tile Effects)를 이용해 미로를 제작한다. 수업시간에 학생들은 자신의 아바타로 게더타운의 미로맵으로 입장하여 전략을 세워 미로를 탈출한다.

자신들이 만든 미로를 게더타운에서 배웠던 지식을 활용하여 아바타들이 탈출한다면 실생활에 활용 가능한 지식에 대해 설명이 가능하고, 학생들의 문제 해결 역량 또한 함양할 수 있다. 또는 학생들이 게더타운에서 미로를 직접 제작해 보거나 친구들이 제작한 미로를 서로 탈출해 보는 경험도 유의미할 것이다.

체육 대회 구현

수업에 사용한 대표적 기능

- 오브젝트(Objects) 생동감 있는 릴레이를 위해 Go-Kart Station 오브젝트를 설치하여 학생들이 카트에 탑승할 수 있도록 한다.
- 스포트라이트(Spotlight) 운동장에 입장한 참가자들의 체육 대회 진행을 위해 활용한다.

각 학교에서는 학생의 체육 활동 강화 및 학교 체육 활성화를 위해 해마다 체육 대회를 실시한다. 학생들은 체육 대회를 통해 건강하고 균형 잡힌 신체와 정신을 가질 수 있고, 체육 대회는 학생과 학생, 학생과 선생님 간의 축제의 장이 되기도 한다. 대면 체육 대회에서는 다양한 프로그램을 제공하여 학생들의 자발적인 체육 활동이 가능하지만 코로나 19 등으로 인한 팬데믹 시국에는 이러한 활동이 불가능하다. 요즘같은 때에는 대면 체육 대회는 어렵지만, 메타버스 공간에서 릴레이 달리기 등 다양한 단체 활동을 할 수 있다.

학생들과의 릴레이 달리기 활동을 위해 템플릿 중 운동장이 구성되어 있는 맵을 선택한다. 릴레이 활동을 운영하기 위해 먼저 모둠을 구성하고 모둠별로 협의하여 달리기 대표 주자를 선정한다. 대표 주자 선정이 완료된 모둠은 운동장으로 아바타를 이동한다. 출발 지점에 각 모둠의 앞 주자가 서고, 운동장에 비치된 카트를 타고 트랙을 달린다. 자신의 모둠의 1번 주자가 도착하는 순간에 맞추어 다음 주자가 차례대로 카트를 받아 계속 달리면 된다.

달리기가 종료된 후 시상식 장소에 모여 우승 모둠에게 시상을 하고 함께 'Z' 키를 누르면서 아바타들의 댄스 파티를 진행한다. 학생들은 자신의 기쁨을 아바타에게 투영함으로써 생동감 있는 즐거움을 표현하고 느낄 수 있다. 달리기 외에도 다양한 활동이 가능해 학생들은 많은 경험을 할 수 있다.

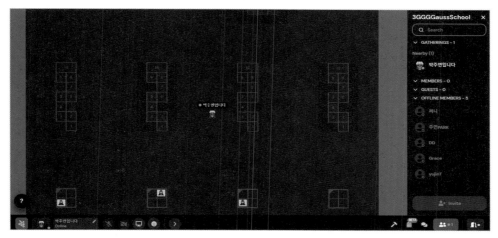

학생들이 메타버스 공간에서 다양한 게임으로 체험 활동이 가능

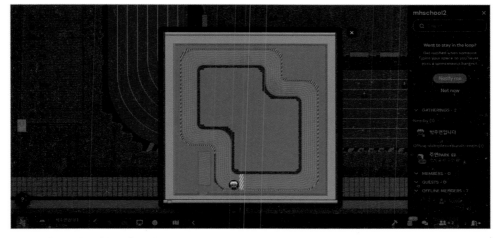

트랙으로 학생들과 릴레이 등 운동 경기 가능

전시(또는 드라이브 스루 전시회) 활동 구현

수업에 사용한 대표적 기능

- 오브젝트(Objects) 게더타운은 다양한 오브젝트를 제공한다. TV나 Bulletin, Poster 등의 오브젝트에 Embedded Video, Embedded Website, Embedded Image, Note Object 등의 기능으로 다양한 학생들의 산출물을 탑재할 수 있다.

수업에 사용한 플랫폼
학생들의 산출물이 담긴 파일들

학교에서는 보통 1년 또는 한 학기 동안의 학교생활에서 학생들이 완성한 결과물과 산출물을 복도나 유휴 교실을 활용해 전시를 한다. 다른 학년의 학생들이나 같은 학년의 학생들이 전시 공간의 작품을 보고 영감을 얻거나, 다음해에 자신이 그 과목을 학습할 때를 대비해 미리 아이디어를 얻을 수도 있다. 그러나 코로나 19로 인해 학생들의 작품을 학교에 전시하더라도 학생들이 작품을 관람할 수 없고, 친구들과 의견을 나눌 수도 없다. 이러한 상황에서 학생들의 산출물을 메타버스 공간에서 전시한다면 전체 학생에게 공유 가능하고 피드백을 주고 받을 수 있을 것이다.

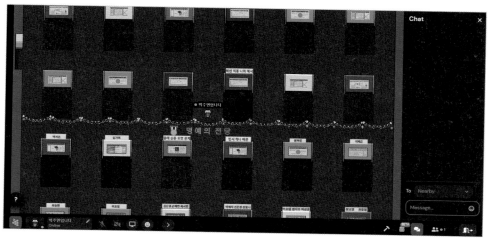

학생들의 작품을 전시한 명예의 전당 공간

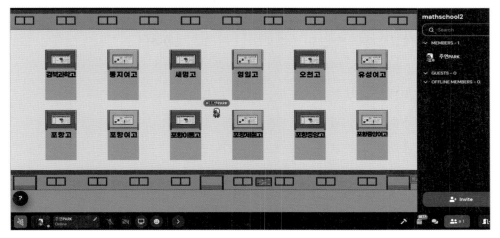

포항 지역의 학생들의 성과물을 전시한 공간

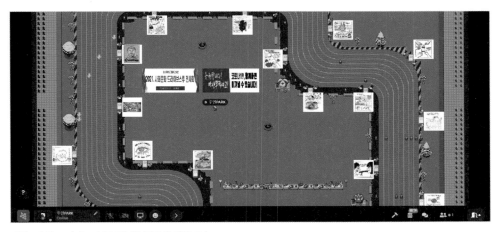

사회 · 문화 드라이브 스루 전시회 공간의 전체 모습

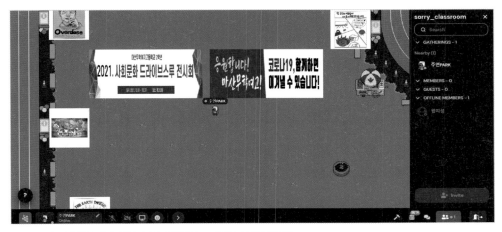

사회 · 문화 산출물을 게더타운 공간에 구축하여 드라이브 스루로 관람함

게더타운에 작품 전시를 위한 룸을 만들고 그곳에 학생들의 산출물을 오브젝트에 연결한다. 학생들의 작품은 사진을 찍어 이미지로 변환하여 이미지로 임베딩하고, 동영상은 유튜브에 업로드하여 오브젝트를 통해 임베딩한다. 프레젠테이션이나 한글, 구글 문서 등은 PDF로 변환하거나 한 권의 책으로 만들어 URL을 연동한다. 학생들은 학급별로 수업 시간을 활용하여 게더타운에 접속하여 아바타를 이동해 'X' 키로 각 작품을 관람한다. 다양한 작품을 보고 자신의 학습에 영감을 얻고, 작품에는 칭찬으로 피드백을 한다. 작품 관람 후 학생들의 생각을 적도록 패들렛을 연동하여 작품 관람 소감을 수집한다면, 교사는 자신의 수업 결과물에 대한 평가를 받을 수도 있다.

고교학점제 시행 이후 학교 간 공동 교육 과정이 활성화되고 있다. 학교 간 공동 교육 과정이나 연구 학교 운영에서 학교별 사례 등도 게더타운에 전시하여 학교별 산출물을 함께 공유한다면 교사들의 자발적인 수업 나눔이 가능하다. 학생들은 다른 학교 학생들의 다양한 작품을 관람할 수 있고, 교사는 다른 교사의 산출물을 통해 수업의 고민을 해결하거나 아이디어를 얻는 등의 효과를 누릴 수 있다.

수학 체험전[인공지능(AI) 체험관] 구현

> **수업에 사용한 대표적 기능**
>
> - 오브젝트(Objects) 게더타운은 다양한 오브젝트를 제공한다. 특히, Game의 오브젝트가 많이 구축되어 있어 목적에 맞도록 선택하면 된다.
>
> **수업에 사용한 플랫폼**
> 보드 게임 사이트, 인공지능 사이트 등

수학 체험전은 수학에 관련된 여러 가지 전시 교구와 체험 교구를 접할 수 있는 전시회이다. 수학 체험전은 수학적 요소가 포함된 전시물을 조작하고, 탐구할 수 있는 기회의 장일 뿐만 아니라 학생들이 능동적으로 직접 참여하며 수학을 즐길 수 있는 기회로 전국의 시·도교육청에서 적극적으로 행사를 진행하고 있다.

코로나 19 이전의 수학 체험전은 실내 또는 야외에서 학생들이 다양한 교구를 접해보고 만들어 보는 직접적인 활동을 통해 수학의 원리를 탐색할 수 있는 기회였다. 교사는 학생들과 함께 연구한 내용을 부스 주제로 선정하고, 참가자들의 눈높이에 맞추어 설명서와 교구를 준비하여 체험전에서 부스를 직접 운영하였다. 학생들은 부스를 운영하면서 의사소통 역량을 기르고, 자신의 지적 역량을 업그레이드할 수 있는 시간을 가질 수 있었다. 이러한 과정을 통하여 학생들은 다양한 경험을 하게 되고, 자신이 배운 수학 원리와 교구를 연결하여 실생활의 수학을 배우는 기회를 갖게 되는 것이다.

그러나 코로나 19로 이런 활동이 전면 중단되었고, 대부분 온라인을 통한 단방향 프로그램으로 진행되었다. 부스 운영 학생들은 자신이 학습한 내용을 동영상으로 제작해 동영상과 키트를 배송하고, 참가자들은 각자 동영상을 보고 교구를 제작해 보는 형태가 가장 많아졌다. 그런데 학생들이 교구를 제작하는 과정에서 생긴 의문점을 해소하지 못하거나, 잘못 제작하거나 또는 완성하지 못하고 실패하는 등의 어려움을 겪게 되었다. 이러한 단방향 체험전의 단점을 보완하기 위해 게더타운에서 체험관을 진행하게 되었다.

부스 운영 학생들은 오랜 시간 동안 연구한 결과를 자료로 만들어 게더타운에 동영상 또는 문서로 연동한다. 참가자들은 게더타운으로 입장해 자신이 제작하고자

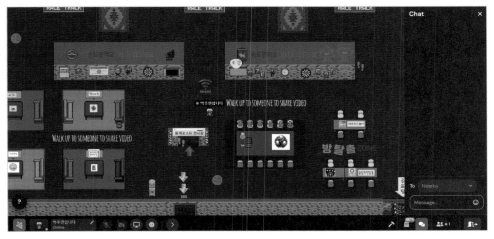

다양한 활동 전시가 가능한 게더타운 공간

하는 교구를 탐색하고 게더타운에 탑재된 자료를 사전에 살펴본다. 그리고 행사 당일 제작하고자 하는 교구의 부스로 방문하여 부스 운영 학생들과 화상으로 소통하면서 교구를 제작하고 실시간으로 질문할 수 있다. 참가자와 운영자의 물리적 거리는 멀지만, 컴퓨터로 각자의 위치에서 화상으로 마주 보면서 체험전을 진행하고, 체험할 수 있어서 효과적으로 부스를 운영할 수 있다.

요즘은 인공지능(AI) 기능을 가진 다양한 웹사이트나 앱이 개발되어 있다. 책상에 하나의 웹사이트를 연동하여 학생들의 아바타가 착석해 인공지능 사이트를 경험해 보거나 학습할 수도 있다. 학습이 완료된 후 다음 책상으로 이동하여 다른 사이트나

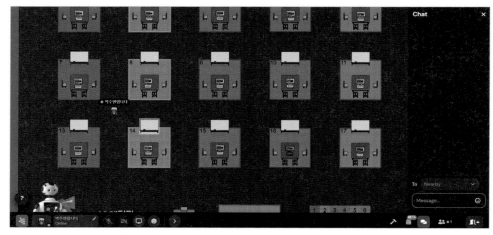

게더타운에 인공지능(AI) 체험관을 구축하여 한 공간에서 다양한 체험이 가능

게임존을 설치하여 메타버스 공간에서 다양한 활동이 가능

앱 체험 또한 가능하다. 나아가 게더타운의 교실 템플릿을 활용하여 한 공간에서 인공지능 사이트 등을 학습함으로써 지속적이고 연계적인 학습을 수행할 수 있다.

학생 상담(상담실) 구현

수업에 사용한 대표적 기능
───────────────────────────

- **Private Area** 상담자와 내담자가 진술하게 대화를 나눌 수 있는 상담 공간을 Private Area로 구성한다. 또는 익명성을 위해 두 사람만 소통할 수 있는 개별 공간을 구축하는 것도 방법이다.

코로나 19 장기화로 인해 코로나 블루(Corona Blue)[3]를 겪는 학생이 증가하였다. 2021년 국정감사 자료에 의하면 코로나 19가 확산되면서 정서적·심리적 위기에 놓인 학생들이 많아졌다는 조사 결과가 나왔다. 학생 1인당 평균 심리 상담 건수가 꾸준히 증가하여 2018년 0.8건, 2019년 0.86건에서 2020년 1.16건으로 2년 새 45%가 증가하였다. 코로나 19의 유행은 기존의 사회·경제적 모순을 심화시키고, 집단 간 갈등을 증폭시키는 결과를 가져올 가능성이 있으며, 오랜 기간 단절된 인간관계와 혼란한 사회적 상황은 심리적 불안정과 우울증을 유발한다.

학생들은 원격 수업으로 인해 느슨해진 생활 패턴으로 코로나 블루가 증가하였다. 학교에 등교하지 못한 채 가정에서 수업에 참여하는 학생들은 친구들과 소통하고 대화하지 못해 사회성이 결여될 수 있다. 이런 상황을 극복하고 학생들의 스트레스 완화를 위하여 게더타운에 상담실을 구축하고, 학생들은 교사와 상담을 진행한다. 학생들은 평소 원격 수업으로 지친 마음을 아바타에 투영하여 상담 교사에게 공감과 위로를 받으며, 교사들은 긍정적인 요소를 화면 공유하여 학생들에게 즐거움과 흥미를 제공할 수 있다.

───────────

3 출처: 코로나 블루의 정의, 네이버 지식 백과, '코로나 19'와 '우울감(blue)'이 합쳐진 신조어로, 코로나 19 확산으로 일상에 큰 변화가 닥치면서 생긴 우울감이나 무기력증을 뜻한다. 문화체육관광부와 국립국어원은 '코로나 블루'를 대체할 쉬운 우리말로 '코로나 우울'을 선정했다고 밝혔다.

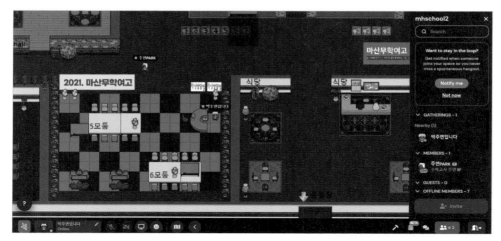

학생 상담실을 구축하여 메타버스 공간에서 상시적 상담 가능

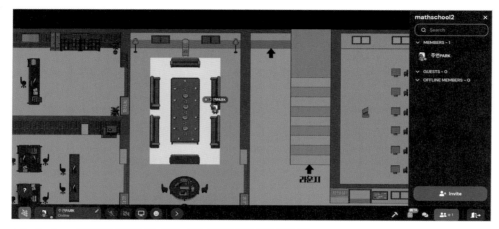

private Area 구성으로 상담이 가능하며, 집단 상담과 개인 상담 모두 가능

상담실 템플릿을 구축하지 않더라도 책상과 의자 오브젝트를 통해 교사와 학생이 Private Area에서 대화를 나누어도 된다. 상담 교사나 담임 교사가 아니더라도 상담 동아리를 운영하는 친구, 선·후배와 함께 메타버스 공간에서 대화하는 것도 좋은 방법이다. 학생들은 이러한 익명성을 보장받는 상담 과정을 통해 진솔한 대화를 나눌 수도 있고, 다양한 사람들과 만나 소통하면서 사회성도 기를 수 있으며, 누군가로부터 인정과 위로를 받을 수도 있다.

(2) 모질라 허브를 활용한 수업 사례

모질라 허브(Hubs by Mozilla)란?

모질라 허브는 파이어폭스에서 만든 웹 기반의 메타버스 플랫폼이다. 모질라 허브는 크게 2가지로 나누어진다. spoke by mozilla를 통해 가상현실 공간을 편집할 수 있고, hubs by mozilla를 통해 가상공간에서 협업을 할 수 있다. 모질라 허브는 VR 디바이스를 활용하여 전시관, 미술관, 박물관 등의 장소를 생생하게 체험할 수 있다.

모질라 허브는 3D 전시장 등을 꾸미기에 적합한 플랫폼으로 아바타가 돌아다니면서 작품을 감상할 수 있으며, 3D 전시장에서 자신의 작품 앞에서 발표도 할 수 있다. 모질라 허브는 2D의 한계를 극복할 수 있으며 3D 모델링을 전시하는 것이 장점이다.

모질라 허브는 콘퍼런스와 다양한 이벤트 플랫폼으로 웹에서의 접근성이 뛰어나 컴퓨터와 휴대전화에서 구동이 원활하며, URL 링크 하나만 있으면 누구나, 언제든지 참가할 수 있다. 모질라 허브는 사진과 동영상, PDF 등의 자료 공유가 가능하고 아바타로 실시간 소통이 가능하다. 직관적인 인터페이스와 5인 이상의 동시 대화, 움직임이 좋아 많은 사람들이 활용하기에 유용할 뿐 아니라 무엇보다 무료라는 것이 가장 큰 장점이다.

모질라 허브의 통계 포스터 공간으로 학생들의 작품 관람 가능

학교에서 수행되는 평가는 학생들의 수업 전 과정을 평가하는 과정형 평가로 이루어진다. 확률과 통계 수업을 진행하면서 과정형 평가로 '통계 활용 프로젝트'를 실시하였다. '통계 활용 프로젝트'의 목표는 학생들의 합리적인 사고방식을 함양하고, 통계적 지식을 증진시키는 것이다. 더불어 확률과 통계를 배운 학생들이 4차 산업 혁명에서 빅 데이터를 다루고 생활 속에 숨어 있는 확률의 법칙을 발견해 삶을 살아가는 방법을 깨닫기를 바랐다.

학생들에게 프로젝트의 필수 사항으로 문제 해결 과정에서 통계가 반드시 사용되어야 하며, 그 결과는 주제(문제 제기), 문제 해결 방법, 통계 분석 결과, 논의 사항, 결론 등의 논리적인 흐름을 따라가면서 한눈에 내용을 확인할 수 있도록 시각적으로 표현하도록 하였다. 학생들은 결과물에 하나 이상의 연관된 그래프를 사용하여 시각적으로 표현하였고, 이를 모질라 허브에 전시하였다.

모질라 허브에서 링크를 클릭하면 학생들의 작품이 있는 구글 사이트로 연동되며, 누구나 관람 가능

전시 공간에 학생들은 아바타로 입장하고, 친구들의 작품을 관람하며, 서로에게 피드백을 주거나 함께 새로운 아이디어를 만들었다. 또한, 코로나로 인해 학부모의 참여가 제한되어 있어 이 점을 보완하기 위해 가정 통신문에 모질라 허브 URL을 넣어 학부모들이 언제, 어디서든 자녀의 작품을 관람할 수 있도록 하였다. 학생들은 작품을 보면서 자신보다 잘한 작품을 보고 자신의 부족한 부분을 깨닫고 더 노력하는

과정을 경험할 수 있었고, 학부모들은 자녀가 수업 시간에 어떤 활동을 하는지 그 과정과 결과를 보며 공교육에 신뢰를 가지는 계기가 되었다.

　나아가 교내 수학 체험전 부스 운영 포스터를 전시해 수학 동아리 후배들에게 선배들의 부스 운영에 대한 내용을 상세히 알려 주는 계기가 되었다. 또한, 부스를 직접 운영한 동아리 선배들이 자신의 아바타로 등장해 수학 포스터 앞에서 설명함으로써 후배들은 올해 수학 체험전 부스 운영의 주제를 고민하고 탐색하는 기회도 가졌다.

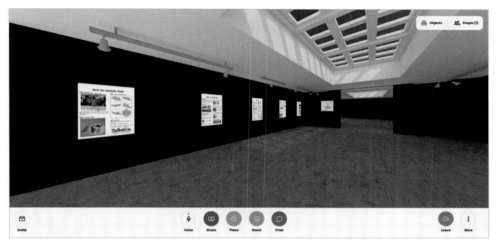

수학 체험전에서 부스 포스터를 전시하여 학생들에게 수학의 흥미를 제공함

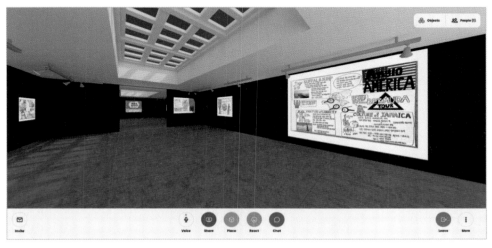

모둠별로 제작한 학생들의 작품을 스캔하여 사진 파일로 전시함

교사는 수업의 효과를 높이기 위해서 미리 전시 공간을 제작하고 링크를 통해 학생들을 입장시켜 메타버스 공간에서 학생들의 소중한 작품을 관람하는 디지털 리터러시 역량을 기르는 기회를 제공하도록 해야 한다.

(3) 스페이셜을 활용한 수업 사례

스페이셜(Spatial)이란?

스페이셜은 2016년 한국인이 공동 창업한 플랫폼으로, 개인이 아바타를 만들고 협업하는 것처럼 공동 작업할 수 있는 서비스를 제공하는 메타버스 플랫폼이다. 방을 모니터로 변환한 다음 VR, 헤드셋, 데스크탑 등의 기기를 사용하여 참여할 수 있다. 초창기에는 AR로 서비스를 시작하여 콘퍼런스나 소규모 회의를 위해 만들어진 앱이었다. 따라서 초기에는 VR이나 AR 기기 없이 사용자의 접근이 어려웠으나, 현재는 웹 브라우저를 통해 키보드와 마우스로 문서를 올리고, 이미지를 업로드하는 등의 참여가 가능하다. 메타버스에서 손으로 글씨를 쓰거나 생각을 정리한 시각화 자료를 제시하는 등의 협업 활동도 가능하다.

현재는 오큘러스 퀘스트 2가 인기를 끌고 있다. 2021년 4월 6일 페이스북 코리아는 스페이셜에서 비대면 기자 간담회를 열기도 하였다. 실제로 기자 간담회장처럼 대회의장에서 자유롭게 음성으로 대화하고 질문할 수 있었으며, 연관된 업무도 가능하다.

또한, 2021년 12월 15일은 300억 원 규모의 신규 투자를 유치하면서 '세계 최대 규모의 메타버스 갤러리'를 표방하였고 자신을 꼭 닮은 리얼리티를 더한 아바타와 공유 공간을 통해 콜렉터들이 자유롭게 활동하고 교류할 수 있는 메타버스로 생태계를 구축해 나갈 계획이 있어 앞으로가 기대가 된다.

코로나 19로 학교의 수업 현장은 많이 바뀌었고, 앞으로도 많은 변화가 일어날 것이다. 이러한 변화에 발맞추어 교사에게는 다양한 플랫폼을 활용한 수업의 변화가 필요하다. 구글 익스피티션, 오큘러스, 스팀 등 많은 플랫폼이 있는데 대부분 해외에서 만들어진 것이다. 이 중 스페이셜(Spatial)은 한국인 대표가 공동 제작해 창업으로 이어진 것으로서 학생들에게 플랫폼을 설명하고 활용할 때에도 의미가 깊다. 게다가 현재 사용 가능한 화상 미팅 플랫폼은 토의를 통해 창의적인 아이디어를 끌어 내기

스페이셜 공간에서 아바타가 전시물을 관람하는 모습

학생들의 프레젠테이션 작품을 전시하여 누구나 클릭하고, 그 내용을 확인할 수 있도록 자료 공유 기능 제공

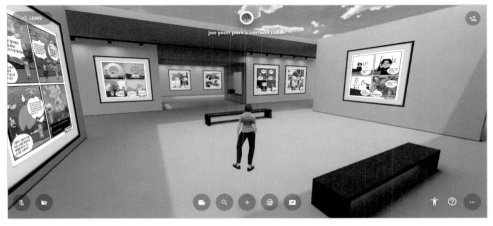

수학 개념과 미술의 융합 활동인 수학 네 컷 만화 작품을 전시하여 누구나 자신의 아바타로 관람 가능

에는 부족한데, 스페이셜은 아바타로 회의하고 친구들과 함께 협업이 가능한 솔루션을 제공한다. 그리고 2021년 12월에 300억 원 규모의 신규 투자를 유치하여 앞으로 더 크게 발전할 플랫폼으로 보인다.

스페이셜은 별도의 기기 없이 웹과 앱에서 접속이 가능하고 아티스트들이 만든 미술 및 창작품 등을 갤러리 모델로 전시가 가능하다. 나를 꼭 닮은 아바타들이 자유롭게 이동하면서 이용자들과 교류하고, 실감나는 체험이 가능하고, VR 기기를 통해 생동감 있는 회의를 진행할 수 있다.

줌은 고정된 비디오를 통해 화상 회의를 진행할 수 있는 데 반해, 스페이셜은 자신의 얼굴을 가진 사람 형태의 아바타가 구축된 공간을 돌아다니면서 회의를 진행한다.

기존에 줌 수업에 익숙해져 있는 학생들에게 색다른 수업 경험을 제공하기 위해 스페이셜에 여러 개의 공간을 구축하였다.

첫 번째 공간에는 '수·책·화 프로젝트'라는 1학년 학생들의 독서-수학 프로젝트 프레젠테이션 자료를 탑재하였다. '수·책·화 프로젝트'는 1년 동안 학생들이 수학 도서를 선정하여 책을 읽고, 자신이 배운 수학 개념과 연결할 수 있도록 한 프로그램이다. 학생들은 자신이 선정한 책의 줄거리, 책에서 알게 된 내용(핵심 주제 또는 내용, 특별한 점, 알게 된 수학 내용 등), 책에서 주목한 내용 세 가지와 그 이유, 이 책에서 발견한 고민거리와 토론거리 등을 활동지로 작성하고 프레젠테이션 자료로 만들어 발표하였다. 스페이셜에서는 학생들의 발표를 비대면으로도 생동감 있게 들을 수 있으며, 듣는 사람은 자신이 직접 이동하면서 가까이에서 발표 자료를 관람할 수 있어서 학습자 주도적인 교육이 가능하다.

두 번째 공간에는 2학년 학생들의 결과물을 전시하였다. 확률과 통계 수업에서 인포그래픽 디자인을 위해 학생들에게 여러 관점으로 세상을 바라보고 재해석하면서, 주제를 통해 관련 자료를 찾도록 하였다. 자료를 여러 차례 읽고, 대주제와 세부 주제를 추출하고, 정보 수집과 자료 조사를 통해 문장을 요약하고 통계를 재편집한 후, 어법을 확인하도록 하였다. 자신이 찾은 정보를 정렬하고 스케치하며, 파워포인트나 미리캔버스 등의 도구를 활용하여 자료를 시각화하도록 하였다. 인포그래픽은 정보를 빠르고 분명하게 표현하기 위해 정보, 자료, 지식을 시각적으로 표현한 것으로 학생들에게 복잡한 정보를 차트, 다이어그램 등을 활용하여 인포그래픽에 포함하도록 하였다. 특히 보고서, 제안서, 홍보 자료 등 거의 모든 문서에 늘 빠지지 않고 등장하는 것이 통계 데이터인데, 이 활동을 통하여 학생들은 주어진 자료를 효과적이고, 눈에 잘 띄게 표현하는 방법을 배웠다. 학생들은 최종 산출물을 포스터로 제작해 그림 파일로 저장한 후 이를 스페이셜 메타버스 공간에 전시함으로써 학생들의 작품을 누구나, 언제, 어디서든 관람하고, 학생들의 결과에 칭찬과 응원을 줄 수 있도록 하였다.

(4) 이프랜드를 활용한 수업 사례

이프랜드(ifland)란?

이프랜드는 2017년 7월 14일 SK텔레콤이 출시한 메타버스 플랫폼으로 다양한 가상공간과 아바타를 통해 메타버스를 경험할 수 있다. 이프랜드는 아바타와 테마 공간을 무료로 제공하며, 직접 가상 테마 공간을 선택하여 다양한 콘텐츠(동영상, PDF 등)를 공유할 수 있다. 또한 음성으로 소통할 수 있는 3D 소셜 커뮤니케이션 플랫폼으로 실시간 채팅이 가능하다. 한 개의 가상공간(랜드)에 131명이 동시에 접속할 수 있으며, 조작이 간편하여 누구나 쉽게 즐길 수 있다. 현재 서비스 자체는 무료이고 아이템도 무료이나 추후 유료 아이템으로 전환할 예정이라고 한다.

이프랜드는 모바일 기반 플랫폼으로 이프랜드를 사용하기 위해서는 앱스토어 또는 플레이스토어에서 다운을 받아야 한다. 이후 회원 가입을 하고, 로그인한 후 자신만의 개성이 드러나는 아바타를 만들고 자기 소개 등록, 팔로우 등의 다양한 활동이 가능하다. 매일매일 메타버스 행사가 업데이트되며, 누구나 참여 가능하고, 예약 기능과 공개 · 비공개 기능이 있어서 학교 행사를 사전에 계획하여 진행할 수 있다.

2021년 7월 14일 SK텔레콤이 다양한 가상공간과 아바타를 활용한 메타버스 플랫폼인 이프랜드를 출시했다. 이프랜드는 누적 가입자가 300만 명이 넘은 기존 메타버스 플랫폼 '점프 버추얼 밋업(Jump Virtual Meetup)'을 운영해 온 노하우를 바탕으로 만든 새로운 플랫폼으로 누구나 쉽고 간편하게 사용할 수 있어 활용의 폭을 넓혔다.

이프랜드를 사용하려면 모바일에서 이프랜드 앱을 설치하고, 기기의 사진, 미디어, 오디오의 녹화를 허용한 후 회원 가입 동의 및 시작하기를 누르면 모든 준비가 완료

된다. 자신의 아바타를 선택하고 부캐(부캐릭터)를 입력하면 홈 화면이 나타난다. 다른 플랫폼과는 달리 아바타의 옷과 머리 모양 등을 꾸밀 수 있을 뿐만 아니라, 이 모든 것들이 무료라서 학생들이 매일 다른 분위기를 연출하는 등 뜨거운 반응을 보이고 있다. 총 18종의 테마 공간이 구축되어 있고, 131명이 참관 가능하기 때문에 교사는 학생들과 어떤 목적으로 이프랜드를 활용할 것인지 사전에 수업 목표 및 계획을 잘 설정하고 진행해야 한다.

학생들과 수업을 진행하기 위해서 사전에 방을 개설하고 SNS에 초대장을 공유하여 학생들을 초대한다. 학생들은 링크를 누르면 클릭 한 번으로 자동 입장이 가능하다. 학생들이 입장하기 전에 교사는 호스트가 되어 수업에 사용할 PDF 파일 및 MP4 영상을 첨부하여 준비를 하고 학생들의 아바타가 입장하면, 수업을 진행한다.

이프랜드를 활용한 수업을 운영하기 위해 교실 공간을 미리 구축하고 수업 오리엔테이션(OT) 자료와 영상을 사전 제작한 후 학기가 시작되었을 때, 학생들을 이프랜

이프랜드의 장점과 단점

이프랜드의 장점	이프랜드의 단점
• 아바타로 자신을 표현 • 쉬운 조작 • 실시간 대화 가능 • 실시간 채팅 가능 • PDF, MP4 탑재 가능 • 이모티콘으로 감정 표현 가능 • 131명까지 동시 접속 가능	• 컴퓨터에서는 안 됨 • 시간이 지나면 사라짐 • 한글, 그림, PPT 안 됨 • 다른 아바타 관여는 호스트만 가능 ※ 지속적으로 업데이트 중

이프랜드에서 학생들과 교실 템플릿 공간에서 촬영한 단체 사진 1

이프랜드에서 학생들과 교실 템플릿 공간에서 촬영한 단체 사진 2

드로 초대하였다. 이 플랫폼에서 앞으로 나아갈 수업의 방향과 내용 등에 대해 사전에 제작된 영상을 함께 시청하면서 학생들에게 수업의 진행 방향과 평가 방향에 대해 전달할 수 있는 기회를 가졌다. 이후 원격 수업 기간에 교사 아바타가 칠판 앞에 서서 마이크를 켜 놓고 수업을 진행하였고, 학생들은 이모티콘을 통해 반응을 표현하거나 채팅으로 질문할 수 있도록 했다. 학생들은 교사의 발문에 즉각적으로 반응하고 교사 또한 학생들의 질문에 즉각적으로 답변하면서 수업이 진행되었다. 이처럼 이프랜드를 활용하면 아바타를 통해 실시간 소통이 가능한 수업 환경을 구성할 수 있다.

교사중심 수업 이외에도 학생들이 수학 교사가 되어 수업을 진행하도록 한 수업 사례가 있다. 학생들에게 수업시간에 배운 수학 개념을 활용한 다양한 문제를 제공한 후, 각자 문제 풀이 영상을 촬영하도록 하였다. 학생들은 문제 풀이 영상을 찍고 저장해 둔다. 교사는 이프랜드로 수업의 목적에 맞는 테마 공간을 만들어 학생들을 초대하고, 입장한 학생들은 자신의 문제 풀이 동영상을 업로드하여 자신의 문제 해결 과정을 다른 친구들과 공유한다. 다른 학생들의 문제 해결 과정을 보면서 학생들은 더 많은 것을 배울 수 있으며, 모두가 교사라는 책임감을 가지고 준비를 하면서 자신의 역량을 더 높일 수 있다.

이프랜드에 있는 콘퍼런스 공간은 실제 시상식과 같은 분위기를 연출하고 있으므로 프로젝트 발표나 시상식을 진행해도 된다. 교사와 사회 각층의 인사들을 초빙하여 학생들의 수업 결과물을 소개하고, 활동 과정에 대해 학생들이 직접 초대된 인사들에게 소개하는 기회를 제공하면 이 또한 의미 있는 활동이 될 것이다. 현재 기업과 유수의 대학교가 이프랜드와 협약을 맺어 다양한 행사를 진행하고 있다. 그러므로 학교에서도 큰 어려움 없이 이프랜드 메타버스 공간에서 다양한 행사를 개최할 수 있을 것이다.

(5) 제페토를 활용한 학생 활동 사례

제페토(ZEPETO)란?

제페토는 네이버 Z가 운영하는 증강현실 아바타 서비스로 국내의 대표적인 메타버스 플랫폼이다. 2018년 출시된 제페토는 얼굴 인식과 증강현실, 3D 기술 등을 이용해 3D 아바타를 만들어 다른 이용자들과 소통하거나 다양한 가상세계를 경험할 수 있는 서비스를 제공한다. 사진을 찍거나 휴대전화에 저장된 사진을 불러오면 인공지능 기술을 통해 사용자와 닮은 캐릭터가 생성되며, 이용자가 원하는 대로 피부색, 이목구비, 키, 표정, 몸짓, 패션 스타일 등을 변경할 수 있다. SNS 기능도 접목되어 있어 상대방을 팔로우하거나 문자·음성 등으로 교류가 가능하다. 다양한 맵을 통해 게임이나 교육적인 역할극과 같은 다양한 활동을 할 수도 있다. 예를 들면, 교사는 교실 맵을 선택하여 방을 개설한 후 학생들을 초대하고, 교실 맵에서 여러 가지 활동을 하며 음성 또는 메시지로 교류할 수 있다.

제페토는 2022년 7월 현재 중국과 미국, 일본 등 전세계 200여 국가에서 가입자 수가 3억 명이 넘는 국내 최대 규모의 메타버스 플랫폼으로 이용 방법 또한 간단해 많은 사람들이 이용하고 있다. 제페토는 3D 아바타를 기반으로 한 플랫폼으로 의상 아이템 등을 구매하여 아바타를 꾸밀 수 있다.

서비스는 크게 두 가지로 나눌 수 있다. 첫 번째는 '제페토 월드'라는 놀이터로, 여럿이 함께 모여 게임을 즐기거나, 메시지를 주고 받거나, 회의 등을 할 수 있는 서비

아바타가 직접 셀피(셀프 카메라)를 촬영한 사진

다양한 게임이 설치된 공간

스이다. 두 번째는 창작자가 아이템을 직접 제작하고 판매할 수 있는 '제페토 스튜디오'로 아바타 의상 등을 만들어 수입을 창출할 수 있다. 2022년 7월 현재 출시 아이템이 200만 개 가량이다.

제페토 앱을 사용하기 위해서는 스토어에서 앱을 선택하여 설치하고 이용 약관에 동의한 후 생년월일을 입력하고 가입하면, 홈 화면과 함께 아바타가 생성된다. 이때 의상과 액세서리 등 패션 아이템을 구매하여 아바타를 꾸밀 수 있으며 아바타의 방도 함께 꾸밀 수 있다. 패션 아이템과 방을 꾸미는 아이템은 유료이므로 학생들과 이용 시 주의가 필요하다.

제페토 월드는 일종의 놀이 공간으로 실제 존재하는 지역이나 장소가 제페토에도 존재하고 있다. 예를 들어 한강 공원에 놀러가고, 롯데월드를 방문해 다양한 활동을 하는 것이 가능하다. 그리고 카메라 기능으로 셀카를 촬영하고 소중한 순간을 남길 수 있는데 카메라에 액션, 일반, 증강현실(AR) 기능이 있어 다양한 촬영을 할 수 있다. 이러한 셀카 기능으로 SNS에 자신의 일상 기록도 가능하다.

수많은 제페토 월드 중 수업에 활용하기에 유익한 곳이 많이 구축되어 있다. 예를 들어 코로나 19로 여행이 힘든 상황에서 제페토 월드에 존재하는 한국의 관광 명소 방문은 학생들에게 좋은 경험이 될 수 있다. 한국 민속촌, 한국 시장거리, 독도 전시관, 관공서, 대학 캠퍼스 투어 등 다양한 맵을 학생들과 함께 방문하고 체험을 통해 간접 경험을 펼치도록 한다.

제페토는 월드당 최대 참여 인원이 16명이다. 따라서 교사는 학급당 인원 수를 고려해 계획을 잘 세워 유익한 월드를 적절히 탐방할 수 있도록 구성해야 한다. 비록 아바타를 통해서이지만 친구들과 함께 마스크를 벗고 메타버스 공간에서 원하는 음식도 먹고, 춤도 추고, 달리기도 하는 등 다양한 활동으로 소통하고 상호 교류를 할 수 있다.

앱을 방문하고 체험하는 것을 넘어, 학생들과 함께 커스텀 맵을 만들기 위해 제페토 스튜디오를 설치하는 것도 좋다. 공간에 맞는 오브젝트를 배치하고 자신이 머릿속으로 생각한 공간을 직접 컴퓨터를 이용해 구성해 보면서 디자인할 수 있다. 그 과정에서 직접 창의적 사고력 함양이 가능하다. 함께 만든 맵을 제페토에 검토 요청하고, 통과된 후 맵을 직접 사용한다면 학생들은 메타버스 생산자로의 역할도 경험하고, 배울 수 있다. 디지털 기기를 이용한 수업 구성에 메타버스 공간 구축이라는 주제로 계획을 세워 학생들과 함께 디자인하고, 자신의 꿈을 가상공간에 구축하는 것은 또 다른 경험이자 교육이 될 것이다.

(6) 젭을 활용한 활동 사례 및 수업 사례

젭(ZEP)이란?

젭(ZEP)은 슈퍼캣(바람의 나라 게임 제작)과 네이버 Z(제페토 제작)가 합작하여 2021년 11월에 출시한 메타버스 플랫폼이다. 젭은 '모두를 위한 메타버스'를 기치로 더 나은 오피스, 교육, 브랜드, 이벤트를 위한 공간에서 모든 모임을 재미 있고 특별하게 만들어 주는 무료 가상공간을 제공한다.

젭은 게더타운과 매우 흡사해서 게더타운 유저라면 쉽게 스페이스를 구축할 수

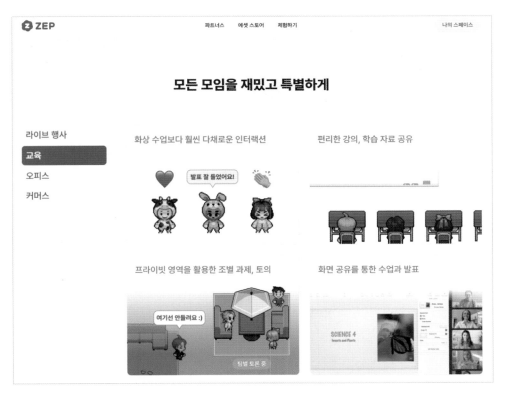

젭(ZEP) 홈페이지 캡처

있다. 특히, 아바타와 맵이 게더타운보다 깔끔하고, 한글로 구성되어 있어 접근성이 더 좋다. 화상 수업, 채팅, 프라이빗 영역을 활용한 모둠 수업 등 게더타운에서 구현되었던 모든 수업이 가능하다. 또한, 미디어 추가 기능에 있는 다양한 효과들은 수업에 흥미를 더하여 몰입감을 높여 준다.

레이아웃을 원하는 대로 바꿀 수 있고, 오브젝트 설정이 쉽고 다양해서 여러 가지 방식의 수업을 구현할 수 있다.

젭은 노트북이나 데스크탑 PC 이외에도 휴대전화나 태블릿에서 앱을 설치할 수 있어 학교에서 수업할 때 접근성이 매우 좋다. 게더타운에서 가능한 모든 기능들이 젭에서 가능하므로, 여기에서는 젭에서 특별하게 할 수 있었던 활동들을 위주로 소개하고자 한다.

비밀번호 기능을 활용한 젭 형성평가

비밀번호 입력 팝업 기능

- 호스트 메뉴 → 맵 에디터 → 오브젝트(3) → 오브젝트 설정 → 비밀번호 입력 팝업
- 비밀번호 설명에 평가 문제 제시, 비밀번호에 정답
- 비밀번호 입력 시 실행할 동작에서 '개인에게만 오브젝트 사라지기' 선택

TIP 개인에게만 오브젝트 사라지기 기능을 사용하면 학급의 모든 학생들이 문제를 동시에 풀더라도 자기가 해결한 문제의 오브젝트만 사라지게 된다. 문제를 다 풀면 오브젝트들이 다 사라지게 되고 그 화면을 미디어 추가 → 스크린 샷으로 캡쳐하여 연동된 패들렛에 업로드한다.

젭에서는 오브젝트의 크기를 쉽게 조절할 수 있어 오브젝트를 원하는 위치와 크기로 쉽게 배치할 수 있다. 오브젝트에 웹사이트, 이미지, 말풍선 등을 연결하여 다양한 활동이 가능하다. 특히 젭에서는 게더타운의 비밀번호 도어 기능을 오브젝트마다 설정할 수 있어 방 탈출 게임 이외에도 형성평가로도 활용할 수 있다.

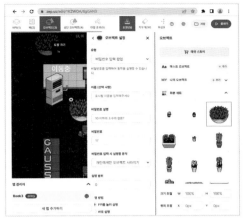 

비밀번호 기능으로 문제 제시

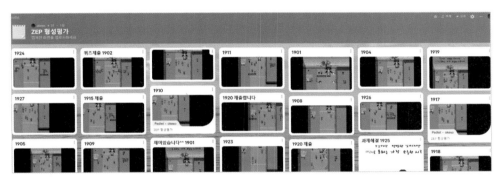

형성평가 활동 결과를 패들렛에 올리기

○× 퀴즈

○× 퀴즈

- 템플릿 "○× QUIZ" 선택 → 미디어 추가 → 미니 게임 → ○× QUIZ
- 문제 출제자는 채팅창에 "!oxmaster"를 입력한 후 문제를 출제한다.

TIP 문제를 바로 바로 입력해야 하므로 텍스트 파일에 문제를 미리 만들어 사용하면 좋다. 한 번 틀리면 다시 문제를 풀 수 없는 점이 다소 아쉽다. 운동장 템플릿의 ○× QUIZ 를 사용하고 싶으면 젭(ZEP) 도움말 → 미니 게임 가이드에 나와 있는 필요한 맵 로케이션(영역 설정)을 설정해 주어야 한다. 로케이션 설정을 해 주면 다른 장소에서도 ○× 퀴즈를 진행할 수 있다.

젭의 가장 재미있는 요소 중 하나가 바로 미니 게임이다. 좀비 게임, 똥 피하기 게임, 결투 등 수업 중간중간에 사용하여 학생들의 흥미를 유발할 수 있으며, 게임이 끝나면 우승자가 바로 표시되어 게임의 몰입감을 높여 준다. 페인트 맨은 두 팀으로 나누어 단합된 단체 게임을 진행할 수 있으며, 초성 게임과 ○× 퀴즈는 교과 연계로 활용하면 좋다.

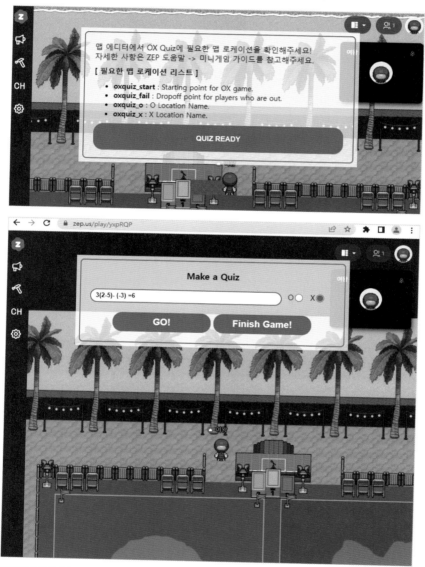

젭(ZEP) 안에 있는 ○× 퀴즈를 이용하여 게임을 즐길 수 있음

우리들의 공간 만들기 프로젝트

젭에서 학생들과 다양한 활동을 하며 어느 정도 젭이 익숙해지면 호스트 메뉴의 맵 에디터에서 오브젝트 설치 방법, 타일 효과 등을 함께 탐구한다. 학생들에게 스페이스 만들기, 친구 초대하기를 통해 서로의 스페이스를 방문하게 하고 모둠별로 주제를 정해서 어떻게 만들 것인지 토론 과정을 거쳐 스페이스를 구축하는 프로젝트를 진행한다. 이 모든 과정을 패들렛에 올려 매시간 활동 상황을 체크하면서 혹시 비교육적인 내용이 있을 때 바로 피드백을 할 수 있도록 비밀번호를 설정하지 않도록 한다.

모둠장에게 기본 메인 맵을 만들도록 하고 다른 모둠원들이 만든 스페이스를 포털로 연결하도록 한다. 게더타운은 배경 음악을 설정할 때 매우 복잡한 과정이 필요

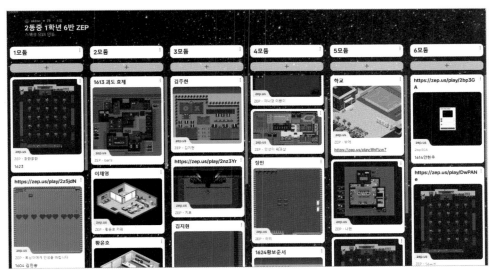

패들렛에 모둠별 자료를 업로드하여 공유

했는데 젭은 타일 효과에서 쉽게 가능하며 타일마다 웹 링크를 걸거나 음악을 삽입할 수 있어 재미있는 연출을 할 수 있다.

단, 유튜브 등의 동영상이나 웹사이트의 이미지를 사용할 때는 저작권에 유의하도록 하고 스페이스에서 인터넷 윤리를 지킬 수 있도록 지도가 필요하다.

(7) 메타버스를 활용한 수업 후 학생 소감문 작성

메타버스를 활용하여 수업을 진행한 후 학생들에게 수업이 갖는 의의와 자신이 배운 점에 대한 소감을 받는 활동을 진행하는 것도 좋다. 이는 학생에게는 스스로 수업 활동을 반성하는 데 도움이 되고, 교사에게는 교사의 수업 연구 및 성찰에 도움이 된다. 학생들은 교원 평가를 통하여 교사의 수업에 대한 자신의 생각을 표현할 수 있고, 교사는 자신을 성찰하고 반성하는 시간을 갖는다. 그러나 자신이 구축한 세부적인 수업 구성에 대한 학생들의 피드백은 부족하다. 따라서 학생들에게 지금까지 구성한 수업의 평가를 받기 위해 학생들을 메타버스 공간으로 초대하고, 익명으로 학생들에게 교사의 수업에 대한 자신들의 생각을 적도록 한다. 학생들이 패들렛이나 구글 문서 등을 통해 교사의 수업에 대한 자신의 생각을 남기면, 교사들은 수업에 대한 반성 및 성찰을 할 수 있고, 다음 수업에 학생들의 의견을 반영하여 더 발전할 수 있다.

학생들의 소감문을 메타버스 공간에 패들렛을 연동하여 학생들이 익명으로 수업 후기를 작성하도록 함

'메타버스'라는 개념 자체는 1990년대에 벌써 스노우 크래쉬라는 책에서 이미 사용되고 있었다. 코로나 19 팬데믹 상황에서 메타버스는 급속도로 퍼져나가기 시작했다. 그러나 메타버스는 아직 개념조차 정의가 되지 않았다. 한 마디로 말해서 메타버스는 무궁한 가능성을 가진 분야라는 것이다. 이것의 가능성을 발견한 사람들이 지금의 코로나 19 팬데믹 상황에서 세계를 이끌어 나가고 있다. 이들이 이러한 성공을 이루어낼 수 있던 이유는 도전성과 창의성이다. 정의조차 제대로 되지 않은 새로운 기술에 도전하고 이전에 없던 기술을 만들어 내었다.
 이 수업을 통해 그들의 도전정신을 느낄 수 있었고 새로운 분야에 대한 도전을 두려워 하지 말아야 함을 깨달았다.
<소감문 포항 ○○고 1학년 조 ○○ >

학생들이 메타버스 수업에 대한 후기를 작성한 내용

(8) 메타버스를 활용한 학생 활동 학교생활기록부 기재 사례

메타버스 공간에서 학생들과 다양한 활동을 통해 많은 경험을 누렸다면, 마지막으로 학생들은 자신의 경험을 바탕으로 느끼고, 깨닫고, 실천한 점을 학교생활기록부에 잘 나타내어야 한다. 교사들은 학생들이 이런 경험을 바탕으로 학생 스스로 공간을 D.I.Y.(Do It Yourself)해 메타버스 설계자로서 고민하는 과정을 제공하는 것도 필요하다. 그리고 일련의 다양한 학생 활동 과정과 결과를 학교생활기록부에 기재한다.

그 기재 내용의 예시는 다음과 같다.

메타버스

생기부

메타버스(확장가상세계)의 특성과 인공지능과의 관계에 대한 설명을 듣고, 자신이 실제 생활에서 이미 접하고 있는 확장가상세계의 서비스들을 '증강현실', '라이프로깅', '거울세계', '가상세계'라는 구분법에 따라 구체적인 예시와 함께 구분지어 설명할 수 있게 됨. 가상세계 기반의 회의 시스템에 접속하여 다양한 환경 속의 구성원들이 비대면으로 좀 더 원활하게 소통할 수 있는 방법에 대해 실습을 통해 깨달음. 더 나아가 확장가상세계의 개발자의 입장에 서서 직접 가상세계 공간을 설계하고 제작하면서 동아리활동과 수업활동, 그리고 학교생활에서 이를 실제로 적용할 수 있는 방안을 모둠별로 토의하여 읽기자료로 제작함.

메타버스 수업 이후에 학생들의 소감을 바탕으로 학교생활기록부에 기재한 내용

- **동아리 활동기록 사례 ①** 메타버스 공간에서 수학을 배우는 시간을 통해 미래 사회의 변화에 대해 알게 되었으며 일상생활 속에 수학적 원리가 많이 담겨 있어 새로운 것을 학습하고 수학에 대한 흥미도가 증가하는 계기가 됨. 자신이 직접 메타버스 공간을 구축하여 동아리 부원들과 함께 방 탈출 프로그램을 진행하는 등 자신만의 가상공간을 설계하고 디자인함으로써 수학의 유용성을 배우는 시간을 가짐.
- **수업 활동기록 사례 ②** 메타버스 공간에서 호기심을 갖고 다양한 수업 활동을 진행하면서 지능 정보 시대에 메타버스 활용의 장점을 깨달았을 뿐만 아니라 다양한 분야에 적용할 수 있는 방안에 대해 호기심을 가졌음. 메타버스 공간에서 자신이 주체가 되어 매번 성실하게 참여하는 모습이 인상 깊었음. 수업 시간 중 가상공간에서 자신이 만든 작품을 전시하고 학급 학생들에게 큐레이터가 되어 자신의 작품을 소개하였고, 공간을 디자인하는 방법을 알려 줌으로써 자신의 지식을 돈독히 함.

02
교과 융합 프로젝트

(1) 비대면 시대에 올바른 교육의 방향

코로나 19 발생 후 급변하는 교육는 현장에서는 온·오프라인 수업 연구가 활발히 이루어졌고, 블렌디드 수업은 이제 더이상 선택이 아니라 수업 과정의 하나가 되었다. 또한 지금과 같은 비대면 시대에 사회적 거리두기가 강화될수록 다른 사람들과의 협력과 나눔, 그리고 그 가치와 중요성을 절실히 깨닫게 되었다.

2021년에 새 학기를 시작하면서 현재 학생들의 가장 큰 고민과 요구 사항에 대한 설문 조사를 실시하였다. 2007년생들은 코로나 19로 인해 초등학교 졸업식부터 중학교 입학식, 자유 학년제를 제대로 경험하지 못한 채 중학교 2학년이 되었다. 설문 조사는 주로 수요자 중심의 올바른 수업 방향 설계를 위해 학생들의 올해 목표를 파악하고, 목표를 달성하기 위해 학교에서 어떻게 도와주었으면 하는지에 대한 생각을 들어보는 것으로 구성되었다.

설문 결과 올해 학생들이 달성하기 원하는 목표는 교과목 성적 향상, 좋은 친구 사귀기, 심리적 안정감 순이었고, 목표 달성을 위해 학생들이 바라는 도움은 친구와 함께하는 협력 활동, 학력 향상 프로그램, 스트레스 및 우울감 해소 프로그램 순이었다.

학생들의 설문 응답 결과, 학생들은 공부를 하고 싶어하고 친구와 함께하는 협력

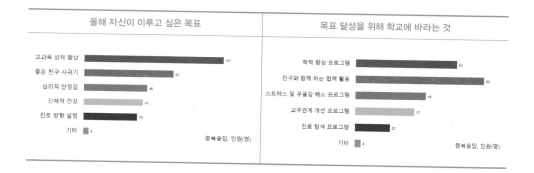

올해 자신이 이루고 싶은 목표	목표 달성을 위해 학교에 바라는 것
교과목 성적 향상 101	학력 향상 프로그램 63
좋은 친구 사귀기 65	친구와 함께 하는 협력 활동 80
심리적 안정감 46	스트레스 및 우울감 해소 프로그램 44
신체적 건강 41	교우관계 개선 프로그램 37
진로 방향 설정 39	진로 탐색 프로그램 22
기타 4	기타 4
중복응답, 인원(명)	중복응답, 인원(명)

활동을 하기를 희망했다. 이를 통하여 비대면 시대, 사회적 거리두기가 계속되는 시기적 특성 때문에 학생들은 더욱 친구들과 함께하고 협력하기를 원하고 있음을 알 수 있었다.

이를 바탕으로 우리는

① 실생활이나 미래를 위해 자신에게 필요한 공부는 학습 동기를 높일 수 있으므

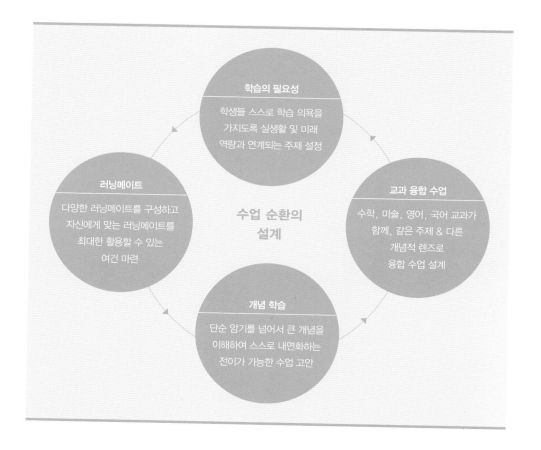

로 유용한 학습을 수업의 출발점으로 삼았고,

② 학생들이 함께하며 즐겁게 성장할 수 있도록 다양한 러닝메이트를 활용하되, 개인적으로 선호하는 러닝메이트를 활용할 수 있는 제반 여건을 마련하기로 하였으며,

③ 내용을 이해하고 개념으로 내면화할 수 있도록 다양한 과목으로 하나의 주제를 학습하여 배움이 고차원적 사고로 이어지고 전이가 가능하도록 수업을 설계하였으며,

④ 이러한 긍정적 수업이 순환되면 이후 다른 학습에서도 자연스럽게 반복되어 러닝메이트와 개념 학습이 서로 시너지 효과를 내어 학습의 효과가 극대화될 수 있도록 수업을 디자인하였다.

(2) 개념 기반 교육과정과 러닝메이트 구성으로 미래 역량 키우기

여기서 우리는 개념 기반 교육과정을 부분적으로 적용하였다. 학생들이 알게 되는 것(사실)과 할 수 있게 되는 것(기능)에 초점을 둔 2차원적 교육과정인 전통적 교육과정에서 한 차원 더 나아가 저차원의(사실적/기능적) 사고와 고차원의(개념적) 사고의 상호작용으로 시너지를 만들어 내는 3차원적 교육과정인 개념 기반 교육과정을 적용하였다. 개념 기반 교육과정에 의하면 고차원적 전이는 교육과정 설계를 통해 의도적으로 가능하다고 한다. 학습에 초점과 깊이를 제공하며 낮은 수준과 높은 수준의 사고 간 시너지를 보장하는 개념적 렌즈를 활용하여 새로운 상황이나 맥락에서 자신의 지식을 활용하고 실천할 수 있는 능력을 기르는 데 도움을 주기 위해 개념을 기반으로 하는 교육과정을 적용하였다. 먼저 개념적 렌즈를 통해 교육과정을 분석하여 핵심 개념(원리) 중심으로 내용을 선정하고, 교과 간 연계와 통합을 통한 교과 융합 수업으로 재구조화하였다.

인간은 어느 누구도 혼자서는 살아갈 수 없으며, 끊임없이 다른 누군가의 도움을 받아 위기를 극복하고 성장해 나간다. 또한, 학생들은 혼자 공부할 때보다 친구들과 함께 무언가를 해낼 때 만족감을 더 느끼며, 즐겁게 배울 수 있다. 따라서 우리는 우선 학생들에게 주어진 상황에 따라 필요에 맞게 서로 도움을 주고받을 수 있는 능력

을 길러 주기 위해 다양한 유형의 러닝메이트—자기주도 메이트, 또래 메이트, 사제 메이트, 온라인 메이트 등—를 구성해 주기로 하였다.

또한 완성된 제품이 아니라 소비자가 직접 부품을 선택·구입하여 제작하는 D.I.Y.(Do It Yourself) 산업에서 착안하여 학생들이 어떤 상황에서든 배운 지식을 적용하고 자신의 삶을 개척해 나가는 힘, 즉 미래 역량을 자신의 상황과 능력에 맞게 스스로 키워갈 수 있는 수업을 실천하고자 수업을 디자인하였다.

(3) 블렌디드 속 러닝메이트 구성

러닝메이트 구성에 대해 좀 더 설명해 보면, 먼저 친구들과 함께 배우며 성장하는 기회를 제공하는 또래 메이트가 있다. 상위권 학생들과 하위권 학생들의 일대일 매칭을 통해 하위권 학생들은 기초 학력을 향상시키고, 상위권 학생들은 친구를 도와주는 과정에서 메타인지를 통해 완전하게 이해할 수 있었다. 친구와 함께 성장하는 것이 바로 또래 메이트이다.

다음으로는 사제 메이트가 있다. 교사가 학생들을 적절히 진단하고, 꼭 필요한 부분에 대해 조언하고 피드백하는 것이 사제 메이트이다. 학생들의 출발점 행동을 진단하여 결손이 있다면 그 결손을 해소할 수 있는 내용을 찾아 활동 개요를 확인하여 개인 맞춤형 피드백을 제공하는 것이다. 교사와 함께하는 그 과정에서 다양한 보상을 통해 학생들의 자신감과 자존감을 높여 주며, 학생들에게 비계 설정을 통해 한 단계 더 도약하도록 돕는 것이 사제 메이트이다.

다음은 온라인 메이트가 있다. 코로나 19 이후 대한민국 교사들의 블렌디드 역량이 많이 향상되었다. 학교 현장에서 크롬북, 스마트폰, 태블릿 등 각종 스마트 기기를 사용하게 되었고, 온라인에서 활용할 수 있는 다양한 플랫폼들의 교육적 활용 부분에서 비약적인 발전을 확인할 수 있었다. 그러나 그 발전보다 놀라운 것은 이러한 것들을 활용하는 학생들의 비율이 매우 많아진 것이다. 이에 EBS 교육 방송, 학교가자닷컴, 배.이.스 캠프, 칸아카데미, 유튜브 뿐 아니라 클래스 카드, 카훗(Review Quiz), 구글 문서 & 구글 프레젠테이션(상호작용 강화), 구글 클래스룸, 미리캔버스, 패들릿 등을 온라인 메이트로 활용하였다. 다양한 정보의 바다인 온라인상에서 자신이 필요한 자료를 찾고 변별하는 역량을 함양한다면, 이 많은 정보들과 콘텐츠들이 학생들의 메이트가 될 수 있음에 착안하였다.

학습에서 가장 중요한 부분은 바로 학습에 대한 동기이다. 무기력한 학생들에게 어떻게 학습에 대한 의욕이 생기게 할 수 있을까? 교육학적으로 그 방법은 매우 다

블렌디드 속 러닝메이트

01 또래 메이트
함께 성장하기

- 상위권 학생과 하위권 학생 일대일 매칭
- 하위권 학생들의 기초 학력 향상
- 상위권 학생의 완전한 이해를 도움(메타인지)
- 함께 성장하는 또래 메이트
  □ 수학: 수업 중 서로 멘토-멘티가 되는 오뚝이 멘토링
  □ 미술: 조별 협동을 통한 협력 학습
  □ 영어: 문제 해결을 위한 단계적 협업 활동
  □ 국어: 질문과 답변, 생각 나눔을 통한 아이디어 공유

02 사제 메이트
진단과 피드백

- 학생들의 출발점 진단·결손을 해소할 수 있는 내용을 찾아 활동 개요를 확인하여 개인 맞춤형 피드백 제공
- 다양한 보상을 통해 자신감과 자존감을 높여줌
- 비계 설정을 통해 도움 제공
  □ 수학·영어·국어: 방과 후 기초 학력 향상을 위한 성실반, 매주 1회 사제 멘토링 운영
  □ 미술: 구글 클래스룸을 활용한 일대일 피드백을 통해 성장 도모

03 온라인 메이트
스마트하게

- 크롬북, 스마트폰, 태블릿 등의 각종 스마트 기기와 온라인에서 활용할 수 있는 모든 플랫폼의 교육적인 내용들을 온라인 메이트로 활용
- 배.이.스 캠프, 클래스 카드, 칸아카데미 등
  □ 수학: 온라인 메이트를 활용한 프로젝트 수업
  □ 미술: 유튜브 채널 운영으로 수업에 도움
  □ 영어: 클래스 카드(단어 & 문장 학습), 카훗(Review Quiz), 구글 문서 & 구글 프레젠테이션(상호작용 강화)
  □ 국어: 구글 클래스룸, 미리캔버스, 패들렛 등을 활용한 협력 학습

04 자기주도 메이트
내 삶의 주인공되기

- 학생 자신이 삶의 주인공이 되기 위해 스스로 학습과 삶을 설계할 수 있는 자기주도 메이트 역할 수행
- 자기주도 메이트를 통해 스케줄과 학습 계획을 직접 관리하고 자료를 찾으며 모든 정보들을 러닝메이트로 활용함.(시험 기간 학습 플래닝 등)
- '러닝메이트 적립 통장' 활용으로 전 과목 학습 동기 유발
- 포인트를 모으며 스스로 할 수 있는 힘 키우기
- 적립한 포인트를 활용하여 온라인 게더타운 및 오프라인 '마켓 데이'를 통해 물건을 구매하여 경제 학습 및 자기주도의 중요성 인식

양하지만 우리는 학생 자신이 삶의 주인공이 되기 위해 스스로 학습과 삶을 설계할 수 있는 자기주도 메이트 역할을 수행할 수 있도록 하였다. 자기주도 메이트를 통해 스케줄과 학습 계획을 직접 관리하고 자료를 찾으며 모든 정보들을 러닝메이트로 활용(시험 기간 학습 플래닝 등)하게 하였다.

러닝메이트 적립 통장 디자인

또한, '러닝메이트 적립 통장'을 활용하여 전 과목의 학습 동기를 유발하였다. 러닝메이트 적립 통장에 포인트를 모으며 스스로 할 수 있는 힘을 키우고, 학기 말에 적립한 포인트를 활용하여 온라인 게더타운 및 오프라인 '마켓 데이'를 통해 물건을 구매하면서 경제 학습을 할 수 있게 하였을 뿐만 아니라 자기주도의 중요성을 인식하는 계기를 제공해 주었다.

(4) 수업 과정 설계하기

먼저 수업 주제를 선정하였다. 개념 기반 교육과정을 적용하여 학교에서 배운 것을 실제 삶에 전이가 가능한 수업, 과정과 결과를 통해 미래 + 교실 + 생활이 맥락적으로 연결되는 수업을 고민하였다. '앞으로 무엇을 먹고 살 것인가? 부가 가치를 창출하는 방법이 무엇일까?'라는 질문을 바탕으로 살아가는 데 꼭 필요하지만 학교 현장에서 부족한 법, 세금, 금융, 즉 경제 교육을 하기로 하고 '경린이(경제 어린이)들의

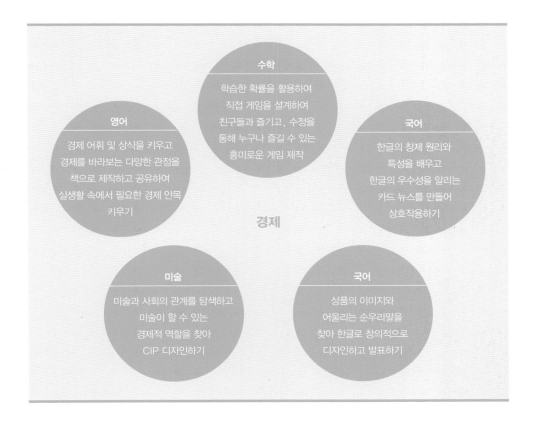

경제 지수 올리기'라는 주제를 선정하였다.

개념 기반 교육과정, 즉 학문적 개념과 개념적 아이디어가 시너지를 낼 때 다양한 상황에 전이시킬 수 있는 이해에 도달하게 되고, 기능과 지식에 개념이 포함되면 학생들은 사고를 통해 배운 것을 오래 기억하게 된다.(Lanning, 2013) 교육과정 분석 과정에서 지식과 개념 사이의 시너지를 만들기 위해 '경제'를 각 과목에서 다양한 개념적 렌즈로 바라보고 핵심 개념을 찾아 과목별로 수업을 설계하였다. 그리고 교과별로 각각의 분절된 수업으로 끝나는 것이 아니라 '마켓 데이'라는 융합 활동을 통하여 배운 내용을 확장하여 보다 고차원적 배움의 전이가 일어날 수 있도록 하였다.

수학, 미술, 영어, 국어에 각 과목별 특성에 맞게 다양한 러닝메이트 활용 수업을 진행하고, 블렌디드 속 러닝메이트를 확장하고자 메타버스 중 게더타운이라는 새로운 플랫폼에 도전하기로 하였다.

왜 게더타운인가?

- 메타버스(Metaverse)는 가공, 추상을 의미하는 '메타(Meta)'와 현실 세계를 의미하는 '유니버스(Universe)'의 합성어로 3차원 가상세계를 의미한다.
- 장점
  ① 손쉽게 자신만의 아바타를 꾸밀 수 있어 단순하면서도 재미 있다.
  ② 학교와 똑같은 공간을 구축하여 원격 수업 시 언제든 유용하게 활용이 가능하다.
  ③ 참여자들 간 화상 소통이 가능하고 링크 연결로 줌, 구글 클래스 룸, 패들렛 등에 바로 접속하는 등 어떠한 수업 활동도 지원이 가능하다.

---

(5) 수업 실천하기

수학과에서는 경우의 수와 확률을 배우고 난 후 '나는 게임 CEO' 공모전을 통해 확률 게임을 만들고, 친구들과 게임을 풀어보는 과정을 논술형 평가와 연계하였다. 미술과에서는 '기업 이미지 통합 계획 CIP 디자인'으로 경제를 경험해 보았다. 영어과에서는 'Economy in My Smartphone'이라는 주제로 수업을 하고, 그 결과물들로 책을 제작하였다. 국어 시간에는 홍보와 마케팅을 경제와 연결지어 수업을 구성하였다.

경린이(경제 어린이)들의 경제 지수 올리기

(필요한 지식을 스스로 찾고,
삶 속에서 적용할 수 있는 수업)

수학

나는 게임 CEO

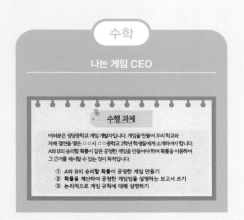

미술

CIP 디자인(기업 이미지 통합 계획)

- 기본 시스템과 응용 시스템

기본 시스템	응용 시스템	응용 시스템
·로고타입	기본 시스템	·서식류 (명함, 편지봉투)
·심벌마크		·제품 및 포장
·시그니처		·유니폼
·전용색상		·간판, 차량
·전용서체		·홍보 및 광고
·캐릭터		(포스터, 영업안내)

국어 1

한글의 우수성 홍보하기

한글의 특성

영어

Economy in My Smartphone

국어 2

마케팅 적용 한글 디자인하기

한글 디자인 적용 대상: 드림캐쳐 가게 간판

<모둠원> 하수연 우서현 박찬희 박가연

여우별이란 궂은 날 잠깐
났다가 사라지는 별을 뜻
한다. 악몽을 잡아주는 드
림캐쳐와 어울린다.

수학	관련 단원	경우의 수와 확률	성취 기준	[9수05-05]

Ⅰ. 개념적 렌즈

설계

Ⅱ. 핵심 질문

F: 확률을 이용하면 유용해지는 우리 주변의 것은 무엇이 있을까?

C: 게임을 만들 때 확률을 생각하면서 만들면 어떤 점이 좋은가?

D: 우리는 어떻게 게임에서 이길 수 있을까?

Ⅲ. 수업 과정

확률을 이용하여 공정한 게임 설계하기(나는 게임 CEO)

차시	주요 학습 활동	블렌디드 도구	러닝메이트	개별화 전략
1~2	• 사건 A 또는 B가 일어나는 경우의 수 • 사건 A와 B가 동시에 일어나는 경우의 수			• 예시 제공 • 추가 설명
3~4	• 확률의 뜻 • 상대 도수로서의 의미와 경우의 수의 비율로서의 의미의 연결성			• 예시 제공 • 추가 설명
5~6	• 확률의 성질 이해하기 • 확률의 성질 계산하기			• 예시 제공 • 추가 설명
7~8	• 게임 만들기 • 게임 규칙 설명하는 보고서 쓰기	padlet		• 피드백 제공 • 추가 과제
9~10	• 게임 소개하기 및 모둠별 결과물 공유 • 논술형 평가	padlet		• 피드백 제공 • 추가 과제

Ⅳ. 평가 과제

목표(G) 승리할 확률이 같은 공정한 게임을 만들기

역할(R) 게임 개발자

청중(A) 자매 결연을 맺은 ○○시 ○○중학교 2학년 학생

상황(S) 승리할 확률이 공정한 게임을 만들어 소개하기

결과물(P) A와 B의 승리 확률이 공정한 게임

준거(S) 공정한 게임 만들기, 규칙을 설명하는 보고서 쓰기

Ⅴ. 활동 사진

미술	관련 단원	5. 디자인의 탄생	성취 기준	[9미01-02] [9미02-02] [9미02-04]

I . 개념적 렌즈	II . 핵심 질문
관계	F: 미술을 통해 먹고 살 수 있을까? (경제 활동을 할 수 있을까?) C: 미술과 경제는 어떤 관련이 있을까? D: 어떤 디자인이 좋은 디자인인가?

III . 수업 과정

미술과 경제의 관계를 이해하고 CIP 디자인하기

차시	주요 학습 활동	블렌디드 도구	러닝메이트	개별화 전략
1	• 미술과 경제의 관계 이해하기 • 디자인의 탄생 알기			• 예시 제공 • 추가 설명
2~3	• 기업 CIP 분석하기 • 조별로 협력하여 기업 선정			• 자료 제공 • 수준별 지도
4~6	• CIP 디자인하기 • CIP 만들기	Pinterest		• 피드백 제공 • 수준별 지도
7~9	• 작품 실물로 만들기 • 완성된 작품 발표하기	Instagram		• 피드백 제공 • 추가 설명
10	• D.I.Y. 플리마켓 축제	padlet		• 피드백 제공 • 추가 과제

IV. 평가 과제	V. 활동 사진

목표(G)   CIP 디자인을 통한 나만의 제품 만들기

역할(R)   기업 디자이너

청중(A)   소비자(친구, 교사 등)

상황(S)   제품을 디자인하여 소비자에게 판매하기

결과물(P)   직접 디자인한 제품

준거(S)   작품 결과물, 작품 홍보지

영어	관련 단원	Lesson 5	성취 기준	[9영02-04] [9영04-02]

Ⅰ. 개념적 렌즈	Ⅱ. 핵심 질문
관점	F: 스마트폰으로 할 수 있는 경제 활동은 무엇이 있을까? C: 10대의 경제 교육에 가장 효과적인 방법은 무엇일까? D: 스마트폰은 경제 활동에 어떤 영향을 끼치는가?

Ⅲ. 수업 과정

Economy in My Smartphone

차시	주요 학습 활동	블렌디드 도구	러닝메이트	개별화 전략
1~2	• 경제 기사 자율 검색 • 어휘 정리 및 발표	Mentimeter CC		• 기사 추천 • 추가 설명
3	• 모둠 선정 및 소주제 선정 • 아이디어 회의 및 관점 가지기			• 예시 제공
4~6	• 협력 학습을 통한 자료 수집 • 내용의 구체화 및 결과물 완성	miri		• 피드백 제공 • 추가 질문
7~8	• 모둠별 결과물 공유 • 생활 속 경제 이야기 공유	padlet Flipgrid		• 피드백 제공 • 추가 과제

Ⅳ. 평가 과제	Ⅴ. 활동 사진

목표(G) 스마트폰 + 경제를 주제로 책 만들기

역할(R) 10대의 경제 교육을 위한 책의 공동 저자

청중(A) 경제를 잘 모르는 전 세계의 10대 청소년

상황(S) 스마트폰으로 할 수 있는 경제 교육 자료 제작

결과물(P) 영어 글과 교육 자료(형태는 자율 선택)

준거(S) 경제 어휘/상식 발표, 주제별 경제 교육 자료

Economy
in my Smartphone
Learning Economy with your Smartphones

Interdisciplinary Learning Project
2nd Graders with English Teacher

국어 1	관련 단원	한글의 창제 원리와 특성	성취 기준	[9국04-08]

I. 개념적 렌즈	II. 핵심 질문
상호작용	F: 한글은 어떤 특성과 우수한 점이 있는가? C: 한글의 우수성을 왜 알려야 하며, 그 방법은 무엇일까? D: 효과적인 의사소통을 위해 문자 언어가 갖추어야 할 요건은 무엇일까?

III. 수업 과정

한글의 우수성을 알리는 카드 뉴스 만들기

차시	주요 학습 활동	블렌디드 도구	러닝메이트	개별화 전략
1~2	• 한글의 창제 원리 탐구하기			• 예시 제공 • 추가 설명
3	• 다른 문자 검색 • 비교를 통해 한글의 특성 탐구			• 예시 제공 • 추가 설명
4~6	• 협력 학습을 통한 카드 뉴스 제작 • 내용의 구체화 및 결과물 완성			• 피드백 제공 • 추가 과제
7~8	• 결과물 공유 및 피드백 • 홍보 우수작 시상 및 소감 나누기			• 피드백 제공 • 추가 질문

IV. 평가 과제	V. 활동 사진

목표(G)   한글의 우수성 홍보하기

역할(R)   한글 홍보 담당 마케터

청중(A)   한글에 대해 잘 모르는 한국인 및 외국인

상황(S)   한글의 우수성을 알릴 수 있는 카드 뉴스 제작

결과물(P)   한글에 관한 카드 뉴스 결과물

준거(S)   내용의 충실성, 내용의 정확성, 표현의 효과성

국어 2	관련 단원	한글의 창제 원리와 특성	성취 기준	[9국01-08] [9국04-08]

I. 개념적 렌즈	II. 핵심 질문
창의력	F: 한글로 디자인할 수 있는 제품에는 무엇이 있을까? C: 우리가 만드는 제품에는 한글 디자인을 어떻게 적용할까? D: 우리는 한글을 활용하여 어떻게 창의력을 기를 수 있을까?

III. 수업 과정

마케팅 적용 한글 디자인하기

차시	주요 학습 활동	블렌디드 도구	러닝메이트	개별화 전략
1	• 유통과 마케팅 이론 수업 • 모둠 선정	youtu Google		• 예시 제공 • 추가 설명
2	• 모둠별 마케팅 적용 디자인 대상 선정 • 한글 디자인 계획 및 아이디어 창출	youtu Google		• 예시 제공 • 추가 설명
3~4	• 한글 디자인하기 • 결과물 완성하기			• 피드백 제공 • 추가 질문
5	• 모둠별 결과물 공유 • 소감 및 감상 공유			• 피드백 제공 • 추가 과제

IV. 평가 과제	V. 활동 사진

IV. 평가 과제

목표(G)	마케팅 활용 한글 디자인하기
역할(R)	상품이나 서비스 판매자
청중(A)	상품이나 서비스 구매자
상황(S)	상품이나 서비스 한글 디자인하기
결과물(P)	상품, 간판, 로고 한글 디자인
준거(S)	상품(서비스)과의 적합성, 디자인의 창의성과 심미성, 발표의 명확성

(6) 수업 확장하기

우리는 각 교과의 관점에서 바라보며 학습한 경제 개념들을 확장·일반화할 수 있도록 마켓을 열고, 학생들이 배운 내용을 보다 즐겁고 의미 있게 적용하며 공유·소통하는 기회를 마련하였다.

학생들이 수업 중 보상을 통해 기쁨을 느끼며 스스로 학습을 주도할 수 있도록 러닝메이트 적립 통장을 만들어 각 교과 시간에 도장을 적립하도록 하고, 이를 마켓 데이에 사용할 수 있는 포인트로 활용하게 하였다.

 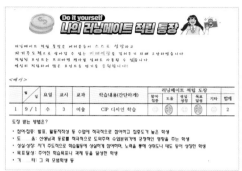

게더타운에 융합 수업 결과물, 즉 수학과에서는 게임 만들기 공모전에서 수상한 학생 제작 게임을 탑재하였다. 또한 그 과정을 논술형 평가로 연계하였는데 논술형 평가 예상 문제를 탑재하였다. 미술과에서는 학생 작품 중 우수 디자인을 선정하고 CIP 활용 물품 제작물을 전시하였다. 영어 수업 결과물인 책자와 E-Book을 전시하였다. 국어과에서 카드 뉴스와 한글 디자인 결과물을 전시하였다.

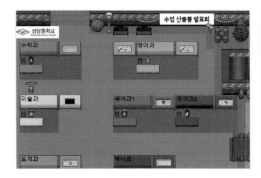 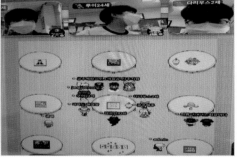

성당 마켓 데이 준비

러닝메이트 적립 통장	학생들이 수업 중 보상을 통해 기쁨을 느끼며 스스로 학습을 주도할 수 있도록 통장을 만들어 각 교과 시간에 도장을 적립함. 이를 마켓 데이에 사용하는 포인트로 활용함.

주제 융합 교과별 참여	• 수학: 학생 제작 게임 탑재 • 미술: 우수 디자인 선정 & CIP 활용 물품 제작 • 영어: 수업 결과물 책자 & E-Book 제작 • 국어: 카드 뉴스 & 한글 디자인 결과물 탑재

게더타운 구축	본교 에듀테크 강사의 적극적인 도움으로 구축하였으며 본교와 똑같은 구조의 학교를 만들어 다양한 플랫폼으로 언제든지 원격 수업에 참여가 가능함.

성당 마켓 데이 실행 (feat. 블렌디드)

코로나 19로 사회적 거리두기가 유지되는 가운에 마켓 데이를 대면으로 실시하기 어려워 게더타운에서 비대면으로 실시하게 되었다.

온라인 활동으로 교실에서 크롬북으로 게더타운 내 마켓 부스에 접속을 하여 자신의 아바타로 CIP 수업 결과물 등 다양하게 마련된 물품을 탐색하고, 개인별로 러닝메이트 통장 포인트 금액에 맞는 물품을 패들렛 댓글로 구매한 후 교과별 부스에 전시된 융합 수업 산출물을 관람하는 활동을 하였다.

오프라인 활동으로는 온라인 마켓 설명 및 안내, 온라인에서 구매한 미술 CIP 물품 확인 및 수령, 활동 경험 및 소감 나누기, 수학 게임 체험, 영어 출판물 확인, 국어 우수 작품 선정하기 등의 활동을 하였다.

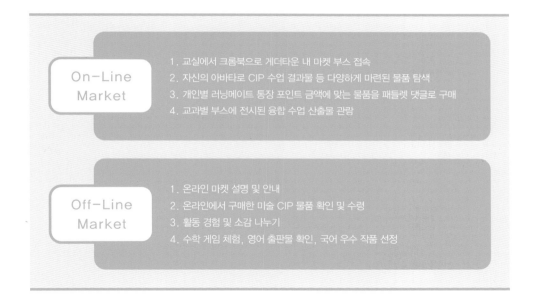

On-Line Market
1. 교실에서 크롬북으로 게더타운 내 마켓 부스 접속
2. 자신의 아바타로 CIP 수업 결과물 등 다양하게 마련된 물품 탐색
3. 개인별 러닝메이트 통장 포인트 금액에 맞는 물품을 패들렛 댓글로 구매
4. 교과별 부스에 전시된 융합 수업 산출물 관람

Off-Line Market
1. 온라인 마켓 설명 및 안내
2. 온라인에서 구매한 미술 CIP 물품 확인 및 수령
3. 활동 경험 및 소감 나누기
4. 수학 게임 체험, 영어 출판물 확인, 국어 우수 작품 선정

게더타운에서 마켓데이 물품 안내

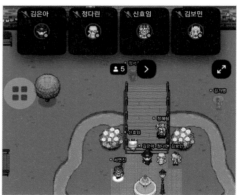

게더타운에서 소통

교실 속 마켓 데이

수학 부스

미술 부스

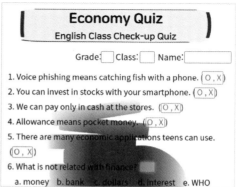

영어 부스

각 과목의 개념이나 기능, 사실, 정보 등의 저차원적 사고들이 일반화에 이르면 사고와 탐구의 과정까지 이르러 고차원적 사고로 이르게 되며, 저차원의 사고와 고차원의 사고의 상호작용으로 시너지를 만들어 내는 3차원적 개념 기반 교육과정의 이론을 부분적으로 적용하였다. 그리하여 개념적 렌즈로 성취 기준과 일반화된 지식을 분석하고 교과 융합 수업과 러닝메이트의 시너지 효과를 통해 학습의 고차원적인 전이를 추구하여 학생들의 미래 역량을 키우는 나침반 역할을 하고자 하였다.

학교에서 배운 지식이 학생들의 삶에 적용되고 유사한 상황에 전이되는 살아 있는 지식이 되게 하기 위해, 다양한 러닝메이트를 구성하여 학생 자신에게 가장 잘 맞는 러닝메이트를 적극 활용할 수 있는 계기를 지속적으로 마련해 주었다. 미래 역량 향상을 위해서는 평소 검색만 하면 알게 되는 지식의 전달이 아닌 학생들이 사고하고, 생각하는 교육 환경을 만드는 것이 중요하다는 것에 주목하고, 각 교과의 중요한 개념, 원리, 일반화를 중심으로 하는 교육과정 설계를 통해 교과별 단편적 지식 수업에서 벗어나 개념의 이해를 통한 고차원적 전이로 어떤 맥락에서도 적용 가능한 학습이 이루어지도록 수업을 디자인하였다.

개념적 렌즈, 시너지를 내는 사고 등의 용어는 생소할 수 있지만, 우리 교사들이 개념 기반 교육과정의 철학을 이해하고 꾸준히 실천한다면 학생들이 자기 주도적으로 자신의 삶을 살아가는 힘을 길러줄 수 있을 것이라 생각한다.

수업 과정이 끝날 때 설문 조사를 통하여 학생들의 성장과 교사의 성장에 대해 알아 보았다.

가. 학생 성장

Q: 학교에서 만난 다양한 러닝메이트는 나의 학습에 도움이 되었는가?

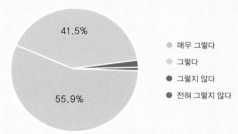

설문 결과 학생들은 학교에서 만난 다양한 러닝메이트에 대해 높은 만족도를 보였다.

Q: 나는 앞으로 다양한 유형의 러닝메이트를 필요할 때에 스스로 활용할 수 있을까?

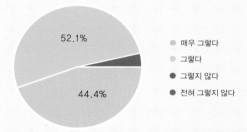

설문 결과 자신에게 도움이 되는 러닝메이트들을 자기주도적으로 활용할 수 있는 역량이 향상되었다고 볼 수 있다.

Q: 올해 내가 학교생활을 통해 성장한 역량은?(복수 선택 허용)

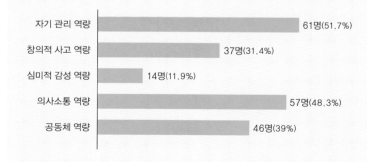

설문 결과 학생들은 학교 수업을 통해 많은 것을 배우고 성장할 수 있었다고 한다. 특히, 자기 관리 역량, 의사소통 역량, 공동체 역량이 향상되어, 앞으로 살아가면서 맥락이 바뀌더라도 복잡한 문제를 자기주도적으로 해결할 수 있을 것이라 추측된다.

Q: 러닝메이트 중 나에게 가장 도움이 되었던 것과 그 이유는?

- **또래 메이트:** 친구들이다 보니 학교생활을 하는 데 도움을 요청하기에 큰 어려움이 없었고, 교류가 쉽게 되어 부담스럽지도 않게 도움이 많이 되어 준 것 같다.

- **사제 메이트:** 집에 돌아가면 공부가 잘 안되어 힘들었는데, 방과 후에 친구들과 남아 선생님께 질문도 하며 공부하니, 공부 의욕이 높아지고 집중할 수 있어 좋았다.

- **온라인 메이트:** 집에 있어도 줌을 통해 수업에 참여할 수 있어서 요즘과 같은 코로나 시국에 제일 좋은 것 같다. 이외에도 크롬북, 클래스카드, 스마트폰을 활용하니 수업에서 여러 활동들을 할 수 있어 가장 좋았다.

- **자기주도 메이트:** 최근에 했었던 러닝메이트 적립 통장을 통해서 새로운 경험도 해보고 도장을 받기 위해 수업 시간에 집중도 하고 참여도 열심히 하려고 노력했다. 덕분에 나도 좀 더 돌아보고 더 즐거운 시간이 될 수 있었다. 비록 다른 친구들보다 도장이 많지는 않아도 나름대로 열심히 했으니 만족스럽게 생각하고 있다.

Q: 올해 내가 학교생활을 통해 성장한 점은?

공동체 역량, 교과 성적 향상과 교우 관계, 발표에 대한 자신감이 조금 향상된 것 같다. 수업 시간에 작은 것도 놓치지 않고 잘 들었다. 친구들과의 의사소통이 늘었다. 러닝메이트 통장 적립 활동을 통해 수업 시간에 더욱 집중하고 노력하며 친구들과 합동하게 되었다. 사회생활 능력이 업그레이드된 것 같다. 다양한 온라인 학습으로 온라인 활용이 더 능숙해졌다. 작년보다 더 다채로웠던 활동들을 통해 나의 창의력 및 공부에 대한 태도가 성장하였다. 자기 관리 역량이 성장했다. 공동체 의식이 좀더 생겼다. 학교에서 여러 활동을 하다 보니 창의적 사고 역량 부분이 늘어난 것 같다. 정보 찾기 능력이 성장했다, 내가 스스로 공부 계획을 세워 실천하는 법을 깨달았고, 내가 어떤 과목을 어떻게 공부해야 할지 완벽하지는 않지만 조금 알게 되었다. 그리고 모둠 활동을 할 때 나의 의견을 어떻게 전달해야 할지 깨닫게 되었고 수업시간 중 발표할 때 손들 수 있는 용기를 배웠다.

Q: 수학, 미술, 영어, 국어 각각의 수업 중 가장 재미있고 유익했던 점은 무엇인가요?

- **전체:** 다 재미있고 유익했다. 모든 활동이 유익해서 하나만 골라 쓸 수 없다. 마켓 데이, 게더타운 수업이 재미있었다. 러닝메이트 적립 통장으로 도장을 모아 뭔가를 살 수 있었던 경제 체험이 재미있었고, 수업 시간에도 더 잘 참여할 수 있었다.

- **수학:** 내가 확률 게임을 만들어 본 것, 내가 직접 문제를 만들어서 그 문제가 수행평가로 나와서 재미있었다. 문제집에서 보지 못한 새로운 유형의 문제를 통해 다양한 문제 해결 능력을 키울 수 있었다.

- 미술: CIP 디자인 수업을 통해 디자이너에 대해 알아보는 시간이 가장 유익했고, 마켓 데이 때 가장 재미있었다. 자신만의 가게를 디자인해 본 경험이 가장 좋았다.
- 영어: 지폐 없는 세상에 대해 조사하고 포스터를 만든 것, 친구들과 함께 만들어 재미있었고 경제에 대해 더 잘 알게 되었다.
- 국어: 평소 한글에 대해 관심이 많은데 수업을 통해 자세히 알아보고 마케팅 등 새로운 것도 배울 수 있었다. 한글을 여러 방면으로 배우게 되고 상상력을 발휘하는 수업을 할 수 있어 좋았어요!

Q: 기타 의견

게더타운으로 온라인 축제를 하면 좋을 것 같다. 이번 교과 융합 수업이 전체적으로 너무나 새롭고 즐거운 경험이었다. 기회가 된다면 내년에도 해보고 싶다.

나. 교사 성찰

서미나
(수학)

불확실한 미래에 교사로 우리 아이들에게 키워 주어야 할 것이 무엇인가를 고민하는 데 수업 팀 러닝메이트가 큰 도움이 되었으며, 혼자 살아갈 수 없는 세상에 함께의 소중함을 학생들도, 나도 또 한번 느끼는 소중한 기회가 되었다. 개념을 기반으로 한 전이 가능한 수업 설계가 우리 아이들이 살아갈 미래의 삶에 도움이 되길 바란다.

혼자서 하던 수업 고민을 함께 의논할 동료가 있다는 사실만으로도 출근이 즐거웠다. 쉬는 시간과 공강 시간, 퇴근 시간 등을 알뜰하게 활용하여 우리 팀들과 함께 연구한 덕분에 말로만 하는 융합이 아니라 진정한 교과 융합으로 학생들의 성장을 이루어 냈다.

김꽃샘
(미술)

한정란
(영어)

배움은 부족한 것을 아는 데서 시작하고 좋은 러닝메이트가 있을수록 더 효과적이라는 것을 이번 수업 나눔을 통해 확실히 느끼게 되었다. 내게 필요한 것은 없는 시간을 쪼개서라도 하듯 학생들이 꼭 필요한 수업이라면 더 열심히 참여하지 않을까 하는 가능성이 새로운 수업을 향한 원동력이 되었다.

경력도 부족하고, 갑작스러운 블렌디드 환경에 두려움이 많았는데 선생님들과 함께 고민하고 배우고 나누는 과정에서 많은 성장을 할 수 있었다. 혼자서 할 수 없는 수업도 함께 하니 용기가 생겼고, 급변하는 현실 속에서 학생들에게 어떤 내용을 어떻게 가르칠 것인가에 대한 방향이 설정되었다.

이수영
(국어)

박지영
(국어)

개념 기반, 이해 중심 교육과정을 통해 학생들에게 무엇을 가르칠 것인가를 알게 되었고, 특히 메타버스에 대해 알게 됨으로써 변화하는 교육의 흐름 속에 나도 조금이나마 발맞추어 갈 수 있게 되었다. 이번 수업 나눔을 통해서 많은 배움을 주고 나를 성장시켜 준 진정한 러닝메이트를 만나게 되었다.

다. 일반화 및 제언

미래 역량 향상을 위해서는 평소 검색만 하면 알게 되는 지식의 전달이 아닌 학생들이 사고하고, 생각하는 교육 환경을 만드는 것이 중요하다. 각 교과의 중요한 개념, 원리, 일반화를 중심으로 하는 교육과정 설계를 통해 교과별 단편적 지식 수업에서 벗어나 개념의 이해를 통한 고차원적 전이로 어떤 맥락에서도 적용 가능한 학습이 이루어지도록 하였으며 개념적 렌즈, 시너지를 내는 사고 등의 용어는 생소할 수 있지만, 우리 교사들이 이 교육과정의 철학을 이해하고 꾸준히 실천한다면 학생들이 자기주도적으로 자신의 삶을 살아가는 힘을 길러 줄 수 있을 것이라 생각한다. 이를 위해서는 다양한 교과 간 협력과 나눔, 연구와 적용이 지속적으로 필요하다고 본다.

다양한 러닝메이트는 교사, 학생 모두에게 필요한 것으로, 이를 통해 교학상장(教學相長)이 이루어짐을 볼 수 있었다. 2021학년도 내내 전면 등교가 이루어진 본교에서는 교실 속 스마트폰, 태블릿, 크롬북 등을 통해 다양한 온라인 메이트를 적극 활용하였다. 수업 시간에 멘토-멘티가 되어 서로 가르침을 주고받는 오뚝이 멘토링, 방과 후 스스로 공부하며 교사에게 도움을 요청하는 사제 멘토링, 기초 학력 부진 학생의 학습을 진단하고 도움을 주는 성실반 등은 학생들의 만족도가 높고 학습의 효과 또한 높았다. 또한 자기주도 메이트 적립 통장은 수업 시간에 학생들의 학습 동기와 수업 참여도 향상에 매우 효과적이었기 때문에 이는 다양한 수업에서 확대 적용할 만하다고 본다.

메타버스는 배운 것을 새롭게 적용하고 확장시켜 일반화하는 데 좋은 온라인 메이트가 될 수 있음을 경험하게 하였고, 학생들이 집합하지 않고 가상공간에서 다양한 수업 결과물을 공유하고 소통하며 체험할 수 있는 기회를 제공하였다. 따라서 메타버스는 앞으로도 온라인 원격 수업이 이루어지거나, 오프라인 수업에서 대면하지 않고도 다양한 교육 활동이 가능한 유용한 플랫폼이 될 것으로 본다.

(8) 개념 기반 단원 지도안 및 평가안

수학

단원명	경우의 수와 확률	단원 초점	게임 만들기	개념적 렌즈	설계

단원 그물	

성취 기준	[9수05-04] 경우의 수를 구할 수 있다. [9수05-05] 확률의 개념과 그 기본 성질을 이해하고, 확률을 구할 수 있다.	차시	7~8

핵심 질문	• 사실적(F): 확률을 이용하면 유용해지는 우리 주변의 것은 무엇이 있을까? • 개념적(C): 게임을 만들 때 확률을 생각하면서 만들면 어떤 점이 좋은가? • 논쟁가능한(D): 우리는 어떻게 게임에서 이길 수 있을까?

수행 과제	여러분은 성당중학교 게임 개발자입니다. 게임을 만들어 우리 학교와 자매 결연을 맺은 ○○시 ○○중학교 2학년 학생들에게 소개해야 합니다. A와 B의 승리할 확률이 같은 공정한 게임을 만들어야 하며 확률을 이용하여 그 근거를 제시할 수 있는 것이 목적입니다. ① A와 B의 승리할 확률이 공정한 게임 만들기 ② 확률을 계산하여 공정한 게임임을 설명하는 보고서 쓰기 ③ 논리적으로 게임 규칙에 대해 설명하기

GRASPS	목표(G)	여러분은 A와 B의 승리할 확률이 같은 공정한 게임을 만들어야 합니다. 확률을 이용하여 그 근거를 제시할 수 있는 것이 목적입니다.			
	역할(R)	여러분은 게임 개발자입니다.	청중(A)	대상은 우리 학교와 자매 결연을 맺은 ○○시 ○○중학교 2학년 학생들입니다.	
	상황(S)	당신은 게임 개발자입니다. 우리 학교와 자매 결연 맺은 ○○시 ○○중학교 2학년 학생들에게 A와 B의 승리할 확률이 공정한 게임을 만들어 소개해야 합니다.			
	수행(P)	A와 B의 승리할 확률이 공정한 게임			
	기준(S)	① A와 B의 승리할 확률이 공정한 게임 만들기 ② 확률을 계산하여 공정한 게임임을 설명하는 보고서 쓰기 ③ 논리적으로 게임 규칙에 대해 설명하기			

평가 준거 (루브릭)	단계 / 평가 요소	매우 잘함	잘함	보통	노력 요함
	게임 만들기	확률을 이용해 승패를 계산할 수 있는 흥미롭고 게임 규칙이 논리적인 게임을 만듦.	확률을 이용해 승패를 계산할 수 있는 게임 규칙이 논리적인 게임을 만듦.	흥미롭고 게임 규칙이 논리적인 게임을 만듦.	게임을 만들기는 하였으나 게임 규칙이 명확하지 않음.
	확률을 계산하여 공정한 게임임을 설명	게임 규칙에 따라 게임을 하였을 때 A, B의 승패가 공정함을 확률 계산을 통해 근거를 제시함.	게임 규칙에 따라 게임을 하였을 때 A, B의 승패가 논리적 근거로 공정함을 설명함.	게임 규칙에 따라 게임을 하였을 때 A, B의 승패가 공정함을 설명함.	게임 규칙에 따라 게임을 하였을 때 A, B의 승패가 공정함을 설명하는 데 부족함이 있음.
	논리적으로 게임 규칙에 대해 설명	게임 규칙에 대해 논리적으로 설명하고 그 설명을 듣고 게임을 바로 할 수 있음.	게임 규칙에 대해 논리적으로 설명함.	게임 규칙에 대해 설명함.	게임 규칙에 대한 설명이 부족함.

수업 의도	활동 사진
학생들의 실생활에 가장 밀접하지만 적용하기 어려워했던 경우의 수와 확률을 이론적으로 접근하지 않고 실생활에서 늘 경험하는 것임을 느끼게 하고 싶었다. 학생들이 직접 게임을 만들고 자신이 만든 게임을 친구들과 즐기고 더욱 흥미롭게 수정하면서 누구나 즐길 수 있는 게임을 제작하는 과정을 통하여 학습에 대한 성취감과 다음 학습에 대한 기대감이 높아질 수 있도록 수업을 설계하였다.	

미술

단원명	5. 디자인의 탄생	단원 초점	CIP 디자인	개념적 렌즈	관계

단원 그물	

단원 스트랜드
디자인의 분류

마이크로 개념
- 평면 디자인(2차원 평면)
- 입체(3차원) 디자인(입체와 공간)
- 4차원 디자인(영상, 소리, 움직임, 시간 등)

단원 스트랜드
장점 및 유용성

마이크로 개념
기능성, 경제성, 심미성, 독창성, 실용성

소재 계획
디자인의 탄생

단원 스트랜드
디자인의 탄생 과정

마이크로 개념
제품 기획, 아이디어 구상, 아이디어 스케치, 렌더링, 모형 만들기, 수정 · 보완, 제품 제작

단원 스트랜드
CIP 디자인

마이크로 개념
기업 이미지, 체계화, 단일화, 활동 조절, 통합, 조직화, 기업 발전, 경영 전략, 기업 경영

성취 기준	[9미01-02] 시각 문화 속에서 이미지의 다양한 전달 방식을 이해하고 활용할 수 있다. [9미02-02] 주제에 적합한 표현 과정을 계획할 수 있다. [9미02-04] 주제의 특징과 표현 의도에 적합한 조형 요소와 원리를 탐색하여 효과적으로 표현할 수 있다.	차시	10

핵심 질문	• 사실적(F): 미술을 통해 먹고 살 수 있을까? (경제 활동을 할 수 있을까?) • 개념적(C): 미술과 경제는 어떤 관련이 있을까? • 논쟁가능한(D): 어떤 디자인이 좋은 디자인인가?

수행 과제	우리 회사는 대구의 학생 및 선생님을 대상으로 문구 · 간식 등을 판매하기 위해 개업을 준비하고 있는 회사입니다. 처음으로 판매할 상품은 비타민 음료 2종, 지우개 2종, 간식 봉투 등에 붙일 스티커 2종입니다. 학생과 선생님의 눈높이에 맞게 상품이 잘 팔릴 수 있도록 제품 커버 및 스티커를 디자인해 주세요!

GRASPS	목표(G)	10대 소비자를 만족시킬 디자인을 해야 합니다.		
	역할(R)	여러분은 회사의 CEO입니다.	청중(A)	청소년 및 교사
	상황(S)	우리 회사는 대구의 학생 및 선생님을 대상으로 문구·간식 등을 판매하기 위해 개업을 준비하고 있는 회사입니다. 처음으로 판매할 상품은 비타민 음료 2종, 지우개 2종, 간식 봉투 등에 붙일 스티커 2종입니다. 학생과 선생님의 눈높이에 맞게 상품이 잘 팔릴 수 있도록 제품 커버 및 스티커를 디자인해 주세요!		
	수행(P)	CIP 디자인 작품		
	기준(S)	① 디자인의 조건의 적합성 ② 작품의 완성도 ③ 동료 평가		

평가 준거 (루브릭)	단계 / 평가 요소	매우 잘함	잘함	보통	노력 요함
	이미지와 시각 문화	이미지는 느낌과 생각을 전달하고 상호 작용하는 도구로서 시각 문화를 형성한다는 것을 알고, 예시를 구체적으로 나열할 수 있음.	이미지는 느낌과 생각을 전달하고 상호 작용하는 도구로서 시각 문화를 형성한다는 것을 알고 있음.	이미지와 시각 문화의 관계를 이해하고 있음.	이미지와 시각 문화의 관계를 이해하는 데 다소 어려움이 있음.
	창의적인 발상을 통한 주제 표현	창의적인 발상을 통해 주제를 정하고, CIP 디자인에 적합한 효과적인 재료와 용구, 방법 등을 탐색하여 표현 과정을 자기 주도적으로 계획함.	발상을 통해 주제를 정하고, CIP 디자인에 적합한 효과적인 재료와 용구를 탐색하여 표현 과정을 계획함.	주제를 정하고, 적절한 재료를 활용하여 표현 과정을 계획함.	주제를 표현하기 위해 표현 과정의 일부를 계획함.
	표현 능력 및 작품의 완성도	주제의 특징과 표현 의도에 적합한 조형 요소와 원리를 탐색하여 효과적으로 표현하여 완성도 높은 작품을 제작함.	주제의 특징과 표현 의도에 적합한 조형 요소와 원리를 탐색하여 효과적으로 표현하여 작품을 완성함.	주제의 특징과 표현 의도에 적합한 조형 요소와 원리를 탐색하여 표현함.	주제의 특징과 표현 의도를 생각하며 조형 요소와 원리를 부분적으로 찾아 표현함.

수업 의도	활동 사진
학생들이 꼭 배워야 할 미술 수업을 고민하였다. 요즘은 개인 기업이 많이 생겨나고 있으며 경쟁 사회에서 성공적으로 제품을 홍보하고 인지도를 얻으려면 CIP 디자인이 필수이다. 미래를 이끌어 나갈 학생들이 디자인의 효과와 경제의 원리를 학습하고, 직접 경제를 체험하면서 미술의 중요성과 사회와의 관계를 이해할 수 있도록 수업을 디자인하였다.	 이미지 표준화 계획_CIP

영어

단원명	Lesson 5 동아(윤)	단원 초점	Economically Smartly	개념적 렌즈	관점

단원 그물	

단원 스트랜드
용어

마이크로 개념
economy, finance, goods, service, account, interest

단원 스트랜드
장점 및 유용성

마이크로 개념
convenience, cashless, smart pay, timing, expense

소재 계획
Economically Smartly

단원 스트랜드
경제 분야

마이크로 개념
allowance, savings, cash, investment, application, pay

단원 스트랜드
단점 및 위험성

마이크로 개념
fraud, bankrupt, loss, crisis, loan, jobless

성취 기준	[9영02-04] 일상생활에 관한 방법과 절차에 대해 설명할 수 있다. [9영04-02] 일상생활에 관한 자신의 의견이나 감정을 표현하는 문장을 쓸 수 있다.	차시	5~6

핵심 질문	• 사실적(F): 스마트폰으로 할 수 있는 경제 활동은 무엇이 있을까? • 개념적(C): 10대의 경제 교육에 가장 효과적인 방법은 무엇일까? • 논쟁 가능한(D): 스마트폰은 경제 활동에 어떤 영향을 끼치는가?

수행 과제	여러분은 10대들을 위한 영어로 된 경제 책을 만드는 공동 저자입니다. 책을 읽는 독자는 경제에 대해 잘 모르거나 큰 관심이 없는 전 세계의 10대 청소년들입니다. 여러분은 이를 위해 실생활에서 스마트폰과 경제에 대한 어휘 및 상식을 학습하고 경제에 대한 이해도를 높인 다음, 또래를 위해 눈높이에 맞는 스마트폰을 활용한 경제 교육 자료를 만들어야 합니다. 책에 넣을 소주제를 스스로 정하고 글, 영상, 포스터, 만화 등 원하는 형태로 경제 교육 자료를 완성해야 합니다.

		목표(G)	여러분은 실생활에서 경제에 대한 어휘 및 상식을 학습하고 경제에 대한 이해도를 높인 다음, 또래를 위해 스마트폰을 활용한 경제 교육 자료를 만들어야 합니다.		
GRASPS		역할(R)	여러분은 10대들을 위한 영어로 된 경제 책을 만드는 공동 저자입니다.	청중(A)	전 세계의 10대들
		상황(S)	여러분은 경제에 대해 잘 모르거나 큰 관심이 없는 10대들을 위해 스마트폰으로 쉽게 접근하고 친근하게 배울 수 있는 경제책을 완성해야 합니다. 스마트폰과 경제에 대해 알고 싶은 내용, 알아야 하는 내용, 실제 사용 상황 등 책에 넣고 싶은 주제를 정하고 자신이 원하는 방식으로 경제 교육 자료를 완성해야 합니다.		
		수행(P)	경제에 대한 글, 영상, 포스터, 만화 등의 결과물		
		기준(S)	① 경제 상식 조사 및 발표 ② 내용 및 표현 ③ 활동 결과물		

	단계 평가 요소	매우 잘함	잘함	보통	노력 요함
평가 준거 (루브릭)	경제 상식 조사 및 발표	경제 관련 내용을 검색하여 경제 어휘 및 용어를 충분히 이해하고 조사 내용을 공유한 뒤, 알기 쉽고 유창하게 발표함.	경제 관련 내용을 검색하여 일부 경제 어휘 및 용어를 이해하고 공유한 뒤, 어느 정도 자신의 이해도가 드러나게 발표함.	경제 관련 내용을 검색하여 경제 어휘 및 용어를 조사하고, 내용의 일부가 드러나게 발표함.	경제 관련 내용을 제대로 검색하지 않았거나 어휘 및 용어에 대한 이해가 부족하여 발표에 어려움이 있음.
	내용 및 표현	주제에 맞는 자료를 충분히 수집하여 내용이 구체적이고 풍부함. 내용 조직이 체계적이고 정확한 영어를 사용하여 표현함.	주제에 맞는 자료를 어느 정도 수집하여 내용을 조직함. 오류가 약간 있으나 대체로 정확한 영어를 사용하여 표현함.	주제와 관련 있는 세부 내용을 선정하였으나, 자료나 내용이 풍부하지 않음. 오류가 있으나 이해 가능한 영어 표현을 사용함.	주제와 관련이 부족한 세부 내용을 선정하였거나 자료와 내용이 부족함. 오류가 심해 내용이 제대로 전달되지 않음.
	활동 결과물	주제와 내용이 충분히 잘 드러나고 명확하게 제시되어 있으며, 자신이 전하고 싶은 메시지가 잘 드러남.	주제와 내용이 잘 드러나며 어느 정도 제시되어 있음. 자신이 전하고 싶은 메시지가 어느 정도 드러남.	주제와 내용이 일부 드러나 있거나 자료가 다소 부족함. 구조화와 자신의 메시지가 다소 부족함.	주제와 내용을 잘 알아볼 수 없으며 자료가 부족하거나 연관성이 없음.

수업 의도	활동 사진
스마트폰의 문제점에 대한 단원을 학습하면서 이러한 문제점을 뛰어넘는 여러 가지 유용함과 경제적 효과를 알 수 있었다. 따라서 생활의 필수품인 스마트폰을 유용하게 사용하는 방법에 대해서도 학생들이 알아야 한다고 생각하여 학생들의 실생활에 가장 밀접하면서도 잘 모르는 경제를 공부할 수 있는 기회를 제공하고 싶었다. 책이라는 결과물을 보면 자신의 학습에 대한 성취감과 다음 학습에 대한 기대감이 높아질 수 있도록 수업을 설계하였다.	

국어 1

단원명	3. (2) 한글의 창제 원리와 특성	단원 초점	한글 알리기(홍보)	개념적 렌즈	상호작용

단원 그물	

단원 스트랜드
한글의 창제 원리
마이크로 개념
상형의 원리, 가획의 원리,
병서의 원리, 합성의 원리

단원 스트랜드
세종대왕
마이크로 개념
생애, 업적, 한글 창제 동기

소재 계획
한글의 창제
원리와 특성

단원 스트랜드
올바른 한글 사용
마이크로 개념
틀리기 쉬운 맞춤법,
순우리말 사용

단원 스트랜드
한글의 우수성
마이크로 개념
적은 글자 수, 체계적·과학적,
하나의 글자 하나의 소릿값, 음절
단위로 모아 씀

성취 기준	[9국04-08] 한글의 창제 원리를 이해한다.	차시	5~6

핵심 질문	• 사실적(F): 한글의 특성은 무엇이고, 우수한 점은 무엇인가? • 개념적(C): 한글의 우수성을 왜 알려야 하며, 그 방법은 무엇일까? • 논쟁가능한(D): 효과적인 의사소통을 위해 문자 언어가 갖추어야 할 요건은 무엇일까?

수행 과제	여러분은 한글 홍보 담당 마케터이며, 관련 SNS 운영자입니다. 여러분의 게시글을 읽는 독자는 한글에 대해 잘 모르는 한국인 및 외국인입니다. 여러분은 한글에 대해 잘 모르는 외국인이나 한글의 소중함을 느끼지 못하는 주변 사람들에게 한글 관련 카드 뉴스를 만들어 널리 알려야 합니다. 적절한 분량의 카드 뉴스에 한글의 창제 원리나 특성, 올바른 한글 사용, 세종대왕 등 한글과 관련된 내용을 담고 이를 효과적으로 꾸며 업로드해야 합니다.

GRASPS	목표(G)	여러분은 카드 뉴스를 만들어 한글에 대해 널리 효과적으로 알려야 합니다.		
	역할(R)	여러분은 한글 홍보 담당 마케터이며, 관련 SNS 운영자입니다.	청중(A)	한국인 및 외국인
	상황(S)	여러분은 한글에 대해 잘 모르는 외국인이나 한글의 소중함을 느끼지 못하는 주변 사람들에게 한글 관련 카드 뉴스를 만들어 널리 알려야 합니다. 적절한 분량의 카드 뉴스에 한글의 창제 원리나 특성, 올바른 한글 사용, 세종대왕 등 한글과 관련된 내용을 담고 이를 효과적으로 꾸며 업로드해야 합니다.		
	수행(P)	한글에 관한 카드 뉴스 결과물		
	기준(S)	① 내용의 충실성 ② 내용의 정확성 ③ 표현의 효과성		

평가 준거 (루브릭)	단계 / 평가 요소	매우 잘함	잘함	보통	노력 요함
	내용의 충실성	적절한 분량의 카드 뉴스 안에 관련 내용을 매우 충실하게 표현함.	적절한 분량의 카드 뉴스 안에 관련 내용을 대체로 충실하게 표현함.	카드 뉴스의 분량이 다소 부족하거나 분량이 적절하지만 내용이 다소 부족함.	카드 뉴스의 분량과 내용이 매우 부족함.
	내용의 객관성 및 정확성	카드 뉴스에 담긴 내용이 매우 객관적이고 정확함.	카드 뉴스에 담긴 내용이 대체로 객관적이며 정확한 편임.	카드 뉴스에 담긴 내용이 다소 객관성과 정확성이 낮음.	카드 뉴스에 담긴 내용이 객관성과 정확성이 매우 낮음.
	표현의 효과성	카드 뉴스의 주제가 매우 명확하게 드러나며 디자인과 표현이 효과적임.	카드 뉴스의 주제가 대체로 명확하게 드러나며 디자인과 표현이 대체로 효과적임.	카드 뉴스의 주제가 드러나며 디자인과 표현이 다소 효과적이지 않음.	카드 뉴스의 주제가 잘 드러나지 않고 디자인과 표현이 효과적이지 않음.

수업 의도

학생들이 한글의 창제 원리와 특성을 이해하고, 이를 좀 더 재미있고 의미 있게 적용할 수 없을까 하는 질문에서 수업 계획이 시작되었다. BTS가 전 세계적으로 인기를 끌고, 각국의 교류가 활발한 오늘날 당연하게 써 오던 한글의 우수성을 알고 상호작용 측면에서 이를 효과적으로 알릴 수 있는 방안에 대해 고민하며 카드 뉴스를 만들어 보는 수업을 설계하였다.

활동 사진

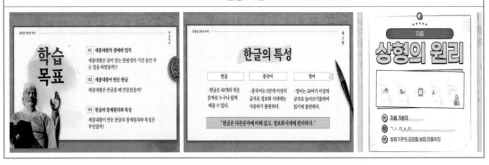

국어 2

단원명	3. (2) 한글의 창제 원리와 특성	단원 초점	한글 디자인	개념적 렌즈	창의력

단원 그물	
	단원 스트랜드 **한글의 창제 원리** **마이크로 개념** 상형의 원리, 가획의 원리, 병서의 원리, 합성의 원리
	단원 스트랜드 **한글과 닮은 글꼴** **마이크로 개념** 서울 한강체, 서울 남산체, 청소년체, 제주 한라산체
	소재 계획 한글의 창제 원리와 특성
	단원 스트랜드 **올바른 한글 사용** **마이크로 개념** BTS, 맥○○○ 한글 티셔츠, 스○○○ 한글날 기념 머그, 한글 액세서리, 한글 건축물
	단원 스트랜드 **한글의 우수성** **마이크로 개념** 글꼴 디자인, 한글 일러스트, 한글 타이포그래피, 훈민정음 디자인

성취 기준	[9국01-08] 핵심 정보가 잘 드러나도록 내용을 구성하여 발표한다. [9국04-08] 한글의 창제 원리를 이해한다.	차시	3~4

핵심 질문	• 사실적(F): 한글로 디자인할 수 있는 제품에는 무엇이 있을까? • 개념적(C): 우리가 만드는 제품에는 한글 디자인을 어떻게 적용할까? • 논쟁가능한(D): 우리는 한글을 활용하여 어떻게 창의력을 기를 수 있을까?

수행 과제	여러분은 상품이나 서비스 판매자입니다. 판매하려는 상품(서비스)을 가장 잘 나타내는 순우리말을 찾아 상품(서비스)의 이미지에 맞고 창의력이 돋보이게 한글로 디자인을 하여 상품(서비스)을 판매하여야 합니다. 상품(서비스)을 구매하려는 구매자를 대상으로 하여 상품(서비스)의 한글 디자인에 대해 명확하게 설명해야 합니다. 아울러 한글로 디자인한 순우리말의 뜻도 같이 설명해야 합니다.

GRASPS	목표(G)	여러분은 판매하려는 상품(서비스)을 가장 잘 나타내는 순우리말을 찾아 상품(서비스)의 이미지에 맞고 창의력이 돋보이게 한글로 디자인하여야 합니다.			
	역할(R)	여러분은 상품이나 서비스 판매자 입니다.	청중(A)	상품이나 서비스 구매자	
	상황(S)	여러분은 상품이나 서비스 판매자로 판매하려는 상품이나 서비스를 한글로 디자인하여 판매하여야 합니다. 구매자가 상품이나 서비스를 구매하고 싶은 생각이 들 수 있도록 여러분이 판매하려는 상품이나 서비스를 가장 잘 나타내는 순우리말을 찾아 상품이나 서비스의 이미지에 맞고 창의력이 돋보이게 한글로 디자인하고, 그 디자인에 대해 명확하게 설명해야 합니다.			
	수행(P)	한글 디자인 결과물			
	기준(S)	① 제품(간판, 로고)과의 적합성 ② 디자인의 창의성과 심미성 ③ 발표의 명확성			

평가 준거 (루브릭)	단계 평가 요소	매우 잘함	잘함	보통	노력 요함
	상품(서비스)과의 적합성	순우리말의 뜻이 상품(서비스)과 매우 적합하며 상품(서비스)을 매우 잘 나타냄.	순우리말의 뜻이 상품(서비스)과 대체로 적합하며 상품(서비스)을 대체로 잘 나타냄.	순우리말의 뜻이 상품(서비스)과 적합성이 다소 부족하며 상품(서비스)을 나타내기에는 다소 부족함.	순우리말의 뜻이 상품(서비스)과 적합성이 매우 부족하며 상품(서비스)을 나타내기에는 매우 부족함.
	디자인의 창의성과 심미성	한글 디자인이 매우 창의적이며 디자인의 심미성이 아주 높음.	한글 디자인이 대체로 창의적이며 디자인의 심미성이 대체로 높음.	한글 디자인이 다소 창의적이지 못하며 디자인의 심미성이 다소 부족함.	한글 디자인이 매우 독창적이지 못하고 디자인의 심미성이 매우 부족함.
	발표의 명확성	발표 시 핵심 내용(순우리말의 뜻, 디자인의 의도)이 매우 명확하게 드러나게 발표하고 준언어·비언어적 표현 활용이 매우 적절함.	발표 시 핵심 내용(순우리말의 뜻, 디자인의 의도)이 어느 정도 드러나고 준언어·비언어적 표현 활용이 대체로 적절함.	발표 시 핵심 내용(순우리말의 뜻, 디자인의 의도)이 다소 드러나지 않으며 준언어·비언어적 표현 활용이 다소 부족함.	발표 시 핵심 내용(순우리말의 뜻, 디자인의 의도)이 전혀 드러나지 않으며 준언어·비언어적 표현 활용이 매우 부족함.

수업 의도	활동 사진
한글의 창제 원리를 학습하면서 한글을 활용한 상품이 세계적으로 인기가 있다는 것에 착안하여 학생들에게 한글을 활용한 경제 수업을 체험할 수 있는 기회를 제공하고 싶었다. 학생들이 스스로 마케팅 전략을 세우고 상품이나 간판, 로고 등을 한글로 디자인해 봄으로써 한글의 우수성을 알고 창의력을 높일 수 있으며 자신의 막연한 미래에 대해 무엇을 하며 먹고 살지 생각해 볼 수 있는 수업이 되게 설계하였다.	한글 디자인 적용 대상: 청년 창업 안내 로고 ＜모둠원＞ 강민준 조준현 황지욱 육동현 길라잡이라는 이름에 걸맞게 도로를 표현하였다. ㄹ는 우리회사가 사업하는 사람의 건물을 나타내고 로고에서 글자와 사업에서 복잡한 골목을 표현하였다. 도로는 "골목에서 길을 열어 주겠다."라는 의미를 담고 있다. 로고에서 이 모든 것을 합쳐 우리 회사는 취업과 사업의 복잡한 골목에서 길을 열어주겠다는 기업의 목표를 담고 있다.

CHAPTER 3

Schools in Metaverse Where Student Autonomy Stands out

학생 자율과 자치가 숨쉬는 스쿨 메타버스

01
자율 활동

(1) 학생 대토론회

메타버스의 원주민

우리는 여기에서 메타버스의 교육적인 적용 방안을 이야기하고 있지만, 사실 이미 우리에게 특히 학생들에게 메타버스는 삶의 일부나 마찬가지다. Z세대를 너머 'C세대(Gen C: Generation of Covid 19)'라는 말을 들어본 적이 있는가? 관점에 따라 'C세대'의 정의는 다를 수 있지만, 대체로 코로나 19에 따른 급격한 사회 변화를 겪거나, 겪고 있는 세대를 일컫는다.

전통적으로 학생들은 입학식을 통해 새 학교, 새 친구들과의 첫 만남을 '대면'으로 가졌다. 그러나 지금의 초·중·고등학교의 학생들은 코로나 19의 여파 속에서 완전히 다른 방식으로 사회적 관계를 형성하게 되었다. 기존에는 교실에서 직접 친구들을 만나, 알고, 친해진 후 SNS 등을 통해 비대면으로도 소통을 이어가는 것이 일반적인 관계 형성 방식이었다. 그러나 C세대는 원격 수업으로 즉 비대면으로 먼저 친구들을 알게 되고, 나중에 학교에 등교하면서 겨우 얼굴을 마주하며 관계를 형성하게 된 세대이다. 학교생활의 시작부터 기존 세대들과 확연히 다르다.

그런 관점에서 이들은 이미 더할 나위 없는 메타버스의 원주민들이다. 학교에서도 스마트폰만 가지고 있으면 이들은 이미 메타버스 속에서 자신의 기록을 남기고, 다

디지털 기기와 플랫폼을 활용하여 수업에 참여하고 있는 경기도 포천시의 이동중학교 학생들

른 사람과 만나며, 무궁무진한 소통의 공간으로 빠져든다. 그곳에서는 교칙에 얽매이지 않는 그들만의 규율과 방식으로 자신의 이야기를 만들어간다. 이들의 이야기와 소통의 창구를 학교로 오롯이 옮겨올 수만 있다면, 그 자체로 학생들 사이에서 스스로 자신들의 이야기를 주고받으며 학교생활을 영위해 나가는 진정한 학생 자치의 시작점이 될 수 있을 것이다.

경기도 포천시의 이동중학교는 에듀테크를 활용한 교육 활동에 대한 다년간 누적된 경험을 바탕으로 교사와 학생 모두 디지털 리터러시 역량이 고루 확보되어 있는 학교이다. 선생님들은 코로나 19 확산 이전부터 많은 협의와 협조의 과정을 거치면서 디지털 도구를 활용한 업무나 수업에 대한 높은 수용성을 갖게 되었다. 그러면서 선생님들 사이에서 학생들의 참여와 배움을 이끌어 내기 위한 촉진제로서 에듀테크를 적재적소에 활용하는 것이 보편적인 문화로 자리 잡았다. 자연스럽게 학생들도 디지털 기기를 활용하는 방법, 온라인으로 다양한 정보를 찾아내는 방법, 친구들과 협업하는 방식을 체득하게 되었다. 그 결과 코로나 19 상황에서도 교육 공동체 모두가 배움과 바람직한 학교생활을 위한 기회를 만들며 침착하고도 기민하게 대처해 나갈 수 있었다.

이동중학교의 선생님들은 디지털 기기와 플랫폼을 활용해 학생들의 참여를 끌어내는 수업과 활동들을 기획하고 경험하면서, 학생들이 디지털 세상에서 상호작용하는 모습과 방법에 관심을 두게 되었다. 대면 수업에서 참여도가 낮고 수동적인 모습을 보이는 학생들이 온라인 과제로 제출한 영상 속에서는 명랑하고 적극적인 자세로 발표를 하고 있었고, 선생님 앞에서는 쭈뼛거리는 모습을 보이는 모둠원들이 그룹 채팅방이나 소회의실에서는 열정적으로 토의에 임하는 모습을 보았기 때문이다. 그런 장면들을 관찰하면서, 선생님들은 학생들이 주인이 되는 진정한 학생 자치를 구현하기 위한 고민의 실마리를 찾을 수 있었다.

메타버스 이해를 통한 사제 간 공감대 형성

학생 자치를 담당하는 이동중학교의 부장 선생님과 몇몇 선생님들은 아이들이 이미 메타버스의 주민이자 주인이라는 점을 파악하고, 메타버스의 유형과 다양한 플랫폼을 연구하기 시작했다. 물론 메타버스 플랫폼이 아니었더라도 학생 자치부의 임원들은 스스로 다양한 디지털 도구를 활용하여 설문 활동과 협업 활동을 전개하는 등 자기주도적이고 스마트한 리더가 되어 가고 있었다. 그 기술적인 토대 위에 이제는 학생들이 자신들의 생활 터전인 메타버스에 대한 이해 활동이 더해지기 시작했다. 체육 선생님과 영어 선생님은 메타버스 속에 각각 운동장과 교실을 만들어 학생들과 함께 원격 수업을 진행했고, 자치회 회의 시간에는 '게더타운'의 작동 방식과 제작의 원리를 함께 배우기도 했다. 그렇게 교사와 학생들은 자신들에게 익숙한 온라인 생활 공간인 메타버스가 학교에 스며들고 있음을 인지하기 시작했다.

그렇게 이동중학교의 구성원들이 학교 메타버스로 '메며드는' 동안, 1학기가 어느덧 막바지에 이르렀고, 학생 자치회는 학생 대토론회를 준비하고 있었다. 당시에는 학생들이 등교 수업을 재개하고 있었던 시기였기에 어떤 장소에서 어떤 활동을 진행하면 좋을지 자치회 임원들은 원격 회의로, 대면 회의로 시시각각 모여 준비를 이어나

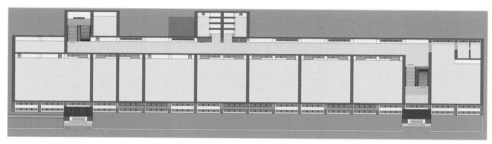

게더타운을 통해 구축된 이동중학교 2층 내부의 모습

갔다. 그런데 갑작스럽게 전국적으로 코로나 확진자가 다시 급증하여 등교 수업이 다시 불가능한 지경에 이르렀다. 이때 학생 자치회 임원들과 담당 선생님은 거리낌없이 메타버스를 선택했다. 학생들은 자신들이 그곳에서 누구보다 잘 활동할 수 있고, 학교에서도 메타버스를 구현할 수 있으며, 선생님들이 이를 이해하고 적극적으로 지원해 줄 수 있는 든든한 지원군이 되어 주리라는 것을 그 동안의 경험을 통해 너무나도 잘 알고 있었기 때문이다. 학생 자치회 임원들은 선생님들과 함께 구축한 '이동중학교 게더타운'에서 자신들이 계획했던 대토론회를 자신의 색깔대로 재구성하기 시작했다. 메타버스 속 교실 곳곳의 오브젝트에 설문지 링크를 연결해 두었다. 그리고 토론할 주제와 주제별 메타버스 토론 장소를 정하고, 각 주제별로 토론을 진행할 멤버를 정하였다. 이 모든 것은 역시 그룹 채팅방과 원격 회의를 가리지 않는 적극적인 온라인 소통을 통해 차질 없이 준비되었다. 선생님들 역시 큰 행사이니만큼 적극적으로 대토론회를 돕기로 했다. 자치회 주도로 이루어지는 행사에서 선생님들은 촉진자로서 전교생이 원활하게 참여할 수 있도록 도움을 제공하기로 협의했다.

학생의 선택권에서 주도권으로, 그리고 진정한 자발적인 자치 행사로

대토론회 당일이 되었다. 학생 자치회 회장과 부회장은 게더타운의 스포트라이트(공간 내 전체 방송 기능) 타일 위에 자신의 아바타를 올려두고 공지하고 안내할 말을 다시 한번 곱씹는다. 자치회 담당 부장 선생님은 전교생이 들어올 수 있도록 게더타운의 설정이 잘 되어 있는지 최종적으로 점검한다. 다른 선생님들과 임원들도 이미 접속해 있다. 자치회 임원들은 한 공간에 모여 계획을 재점검하고 서로를 응원한다. 잠시 후 2교시가 되면 전교생이 이곳으로 몰려들 것이다.

이윽고 2교시 시작 시간이 되었다. 하나둘씩 학생들이 접속하기 시작한다. 교복이 아닌 제각각의 개성을 표현한 아바타가 메타버스 속 이동중학교를 활보하기 시작한다. 어느 정도 접속 인원이 들어차기 시작하고 나서, 학생 자치회 회장은 이동중학교 메타버스에 도착한 학생들을 환영하면서, 아이스브레이킹 활동을 시작한다. 바로 '보물찾기'다. 메타버스 공간 곳곳에 숨겨진 보물을 가장 먼저 찾은 학생은 등교하면 상품을 받게 된다. 오브젝트에 연결해 둔 설문지 링크가 바로 학생들이 찾아야 할 보물이다. 그리고 각 설문지에 가장 빨리 응답한 학생이 보물을 찾은 사람으로 간주된다. 전교생이 분주하게 메타버스 속 학교의 구석구석을 누비며 보물찾기에 혈안이 되어 있다. 그러면서 자연스럽게 아바타를 조작하는 방법, 오브젝트와 상호작용하는 방법을 익혀간다.

보물찾기가 끝나자 임원 학생들은 분주히 흩어진다. 이제 본격적으로 대토론회가 시작되기 때문이다. 이들은 각자 자신이 맡은 토론이 이루어질 교실로 이동해 토론을 진행한다. 학교에서 '학생의 스마트폰 사용 허용'에 대한 토론은 2층 여자 화장실에서, '복장 규정'에 대한 토론은 1층 남자 화장실에서 진행된다. 과학실에서는 '두발 규정'에 대한 토론이 이루어진다. 잠시 후 학생 자치회 회장의 안내에 맞추어 토론 활동이 시작된다. 학생들은 학급에 구애받지 않고 자기가 의견을 내기를 원하는 토론 주제가 있는 교실을 찾는다. 선생님들은 각 교실 앞에 서서 채팅으로 토론 주제와 장소를 홍보하며 복도를 서성이고 있는 학생들이 주제와 장소를 찾도록 독려한다.

1층 남자 화장실에 여학생 5명이 모였다. 임원 학생이 등장해 이 곳의 토론 주제를 다시 한번 안내하고 찬성과 반대 입장에 따라 2열로 나누어 서달라고 안내한다. 찬성하는 학생들은 좌측으로, 반대하는 학생들은 우측으로 이동한다. 임원 학생의 진행에 따라 여학생들은 적극적으로 토론에 참여한다. 임원 학생은 이들의 말을 경청하며 노트에 회의록을 작성하고 있는 모습이 보인다. 3대 2로 나뉘어 수적으로는 균형이 맞지 않는 것 같은데, 회의는 아주 팽팽한 접전으로 이어진다. 학생들이 적극적

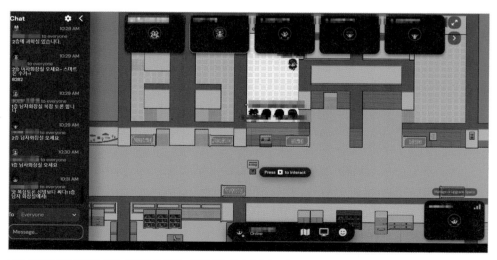

남자 화장실에서 열심히 복장 토론에 참여하는 진행자와 참여자들의 모습. 기존 화상 회의와 달리 '가상공간'이라는 개념이 있기 때문에, '어디서 모이느냐'가 중요한 의미를 가짐

으로 자기 의견을 개진하고 정리하는 사이, 다시 회장의 목소리가 울린다.

"첫 번째 토론 시간이 종료되었습니다. 학생 여러분께서는 지금의 토론을 마무리해주시고 다른 토론 주제에 맞는 교실로 이동해 주시기 바랍니다."

임원이 노트 정리를 마치고, 1층 남자 화장실 속 여학생들은 다시 뿔뿔이 자기가 토론을 하고 싶은 주제를 찾아 나선다. 이윽고 다음 토론 시간에 참여할 학생들이 한 명씩 화장실을 다시 채워나간다.

갤러리워크 방식의 짧지만 많은 주제를 다루는 토론 활동이 끝나면 학생들은 이제 다음 교시 수업을 위해 퇴장한다. 토론 결과는 임원들이 정리한 회의록을 다시 수합하고 분석 및 정리하여 그 결과가 게시될 것이다.

대토론회가 끝나고 임원들은 다시 원격 회의로 모였다. 오늘의 대토론회에 대한 강평을 진행하는데, 다들 두 가지에 큰 공감을 보였다. 첫째, 줌(Zoom)으로 할 때보다 학생들의 참여도가 훨씬 좋았다는 것, 학생들이 움직이는 것이 보이니 더욱 실제 같은 느낌이 들어서 더 열심히 참여할 수 있었던 것 같다는 감상을 내놓았다. 둘째, 선생님들이 원격 수업을 진행하실 때 비디오, 오디오를 꺼두고 열심히 참여하지 않는 학생들을 독려하기 위해 얼마나 고생하시는지 깨달았다는 것이다.

온라인 학생 대토론회를 진행하기 위한 일련의 과정이 모두 이동중학교 학생 자치회의 주도로 이루어질 수 있었던 이유는 무엇보다도 학생들에게 익숙한 방식으로 구축된 메타버스였기 때문이다. 메타버스 속 활동에 익숙하지 않은 사람들은 어떤 키를 눌러야 어떤 기능이 작동하는지부터 시작하지만, 이동중학교 학생들은 그런 형태와 형식보다 이 플랫폼을 통해 자신의 메시지와 의미를 전달하는 것에 초점을 맞출 수 있었다. 그들에게는 이미 메타버스가 생활의 터전이기 때문이다.

(2) 국제 교류

포항제철고등학교 수학동아리 Math MVP에서 직접 제작한 게더타운 가상 학교 맵을 활용하여 인도네시아의 SMA Petra 4 Surabaya 고등학교와의 온라인 국제 교류 활동을 진행하였다. 2021 경북 글로벌 위크 가상 학교에 세팍타크로 공 만들기, 주령구(신라 주사위) 만들기 등 동아리 학생들이 제작한 체험 수학 영상을 전시하였으며,

경상북도 학교별 국제 교류 수업 영상 및 UCC 우수작, 세계 시민 교육 공모전 우수작 등도 가상공간에 전시해 놓았다.

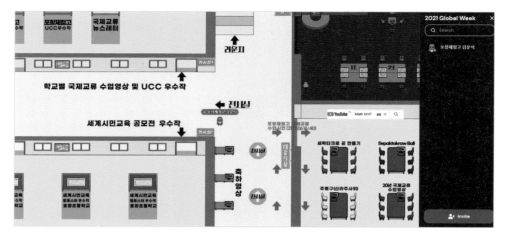

'2021 경북 글로벌 위크' 게더타운 가상 학교(포항제철고등학교)

각종 영상은 유튜브에 업로드하여 공유 링크를 게더타운에 연동시켜 놓았으며, PPT 자료 등은 구글 드라이브 공유 문서를 활용하여 게더타운에 연결하였다.

국제 교류의 일환으로 랜선 수학 체험을 프로그램으로 구성하여, 수학 동아리 학생들이 사이클로이드, 테셀레이션, 세팍타크로 공, 주령구(신라 전통 주사위) 등의 체험 수학의 원리와 제작 및 체험 방법을 설명하는 영상을 직접 제작하였고, 이를 유

'2021 경북 글로벌 위크 행사 영상'(출처: https://youtu.be/Ejm5E633Gvl)

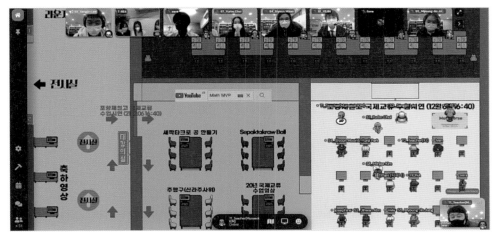

'2021 경북 글로벌 위크' 수업 나눔의 날, 도 대표 수업 시연 장소(포항제철고등학교와 인도네시아 SMA Petra 4 Surabaya 고등학교)

'2021 경북 글로벌 위크' 국제 교류 수업 시연(포항제철고등학교 발표 주제: 세팍타크로 공 만들기와 수학적 원리)

튜브(채널명: Math MVP)에 업로드하여 연결하였다. 그리고 체험을 위해 필요한 재료는 일괄 구매하여 인도네시아로 우편 발송하였다.

학교 자체의 랜선 국제 교류 이외에도 '2021 경북 글로벌 위크'라는 경북교육청 주관 행사에도 이미 제작된 게더타운 맵을 활용하였다.

'2021 경북 글로벌 위크'의 수업 나눔의 날 행사로 12월 6일 게더타운 가상공간에서 평소 국제 교류 활동을 진행하고 있던, 인도네시아의 SMA Petra 4 Surabaya 고등학교와의 국제 교류 수업 시연을 진행하였다.

이날 수업 시연에서 포항제철고등학교 국제 교류팀은 메타버스 소개 및 체험, 세

'2021 경북 글로벌 위크' 게더타운 가상 학교 내 전시된 국제 교류 UCC 우수작(포항제철고등학교)

랜선 수학 체험 프로그램 온라인 교류 활동 재료 목록

발송 목록(주제)	재료명	구입 사이트	수량(세트)
사이클로이드	사이클로이드 미끄럼틀	수학사랑	15
테셀레이션 – 전통 문양 소슬금	에코백, 페트릭마카	네이버	15
헥사스틱	헥사스틱	온교육	15
지오밴드미니	지오밴드미니	온교육	15
세팍타크로	세팍타크로 공	온교육	15
주령구(신라 전통 주사위)	주령구	수학사랑	15

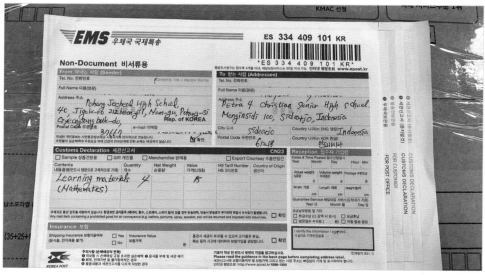

랜선 수학 체험 프로그램 온라인 교류 활동을 위한 재료 국제 우편 발송

팍타크로 공 만들기 수학 체험 활동을 소개하였고, 인도네시아 국제 교류팀은 세팍타크로의 유래를 발표하였다. 게더타운 맵에서 제공되는 '화면 공유' 기능을 활용하여 각자 준비한 PPT 자료를 공유하며 발표를 진행하였다.

온라인을 통해 진행한 국제 교류 활동 내용은 학교생활기록부 기재 요령에 의해 자율 활동에 기재가 가능하다. 학교생활기록부 기재 요령에 의하면 해외에서 진행한 창의적 체험 활동은 시수 및 특기 사항으로 입력할 수 없지만, 국내에서 실시한 온라인 국제 교류 활동은 창의적 체험 활동 상황의 자율활동 영역에 특기 사항으로 기재가 가능하다. 단, 학교생활기록부 기재 금지어로 등록되어 있는 '국제 교류'라는 단어는 사용하지 않기를 권한다.

국제 교류 및 세계 시민 교육 등과 관련된 원본 영상이나 자료의 자세한 내용은 경상북도교육청연구원 홈페이지에서 확인할 수 있다.

학교생활기록부 기재 예시(자율활동 세부능력 특기사항)

인도네시아 학교(SMA Petra 4)와의 온라인 교류 활동(2021.07.23.~2022.01.19.)에서 '수학 심화 학술 교류' 분야에 참여함. 세팍타크로와 주령구에 대해 영어 발표 자료를 제작하고, 이를 메타버스 가상공간에서 실시간으로 발표함. 이를 통해 영어 회화 능력 및 수학적 배경 지식을 함양하고 인공지능의 기초 소양도 배양함. 특히, 신라 주사위인 주령구와 인도네시아의 전통 놀이인 세팍타크로 공에 대한 UCC 영상 제작을 바탕으로 학술 교류를 심도 있게 진행하는 등 우수한 탐구 수행력이 돋보임. 또한, 도교육청에서 진행한 '2021 글로벌 위크(Global Week), 수업 나눔의 날' 행사의 도 대표 수업 시연에 참여하여 메타버스에 대해 발표하는 등 영어 회화 능력 및 우수한 발표 역량을 발휘함.

학교생활기록부 기재 예시(자율활동 세부능력 특기사항)

인도네시아 학교(SMA Petra 4)와의 온라인 교류 활동(2021.07.23.~2022.01.19.)에서 '문화 및 학술 교류' 분야에 참여함. 줌, 메타버스 등 다양한 플랫폼을 통해 한국 문화, 학교 소개 영상을 영어로 제작, 발표하며 제작한 UCC 영상을 온라인에 배포함. 세계의 다양한 이슈들을 사전에 조사하여 교류활동 행사의 사회자로서 공감대를 형성하며 서로 간의 문화 장벽을 극복하기 위해 노력함. 세팍타크로 공, 주령구 등 전통놀이 관련 내용을 심화적으로 탐구하는 등 수준 높은 학술 교류도 진행함. 특히, 도교육청에서 진행한 '2021 Global Week, 수업 나눔의 날' 행사의 대표 수업 시연에 참여하여 메타버스를 이용해 학술 교류를 진행하며 영어 회화 능력 및 우수한 발표 역량을 발휘함.

02
동아리 활동

(1) 랜선 클래스

포항제철고등학교는 인공지능 수학 동아리인 'Math AI' 학생들과 인공지능 수학 및 인공지능 관련 개념을 공부하고, 랜선 멘토링 활동을 통하여 봉사 시간을 부여하는 랜선 클래스를 운영하고 있다.

Math AI 학생들은 학교 교육과정에 편성된 금요일 6, 7교시 동아리 시간 외에 별

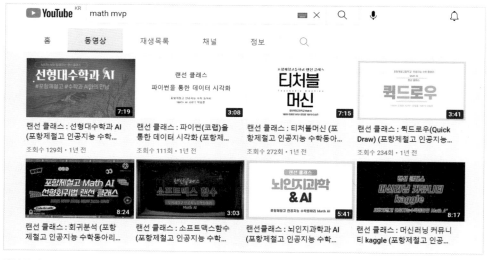

랜선 클래스 영상 목록(유튜브 채널: Math MVP)

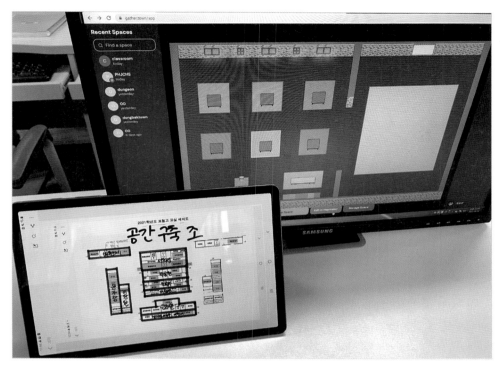

게더타운 가상 학교 맵 제작 초안

〈온라인 콘텐츠 목록: 랜선 클래스〉(유튜브 채널명: Math MVP)

1. 머신 러닝 커뮤니티 Kaggle 소개: https://youtu.be/6rnvk5Xg38Y (AI 더빙)

2. 뇌인지 과학 & AI: https://youtu.be/NqtaSiEvKEl

3. 회귀 분석: https://youtu.be/LVdSQtlyuU0

4. 소프트맥스 함수: https://youtu.be/Ju9_-I4joMQ

5. 선형대수학과 AI: https://youtu.be/QiLXQxkNWV0

6. 파이썬을 통한 데이터 시각화: https://youtu.be/2zRvaFFSfGY

7. 데이터 시각화(플러리쉬): https://youtu.be/3mY1aDK8yDl (AI 더빙)

8. 퀵드로우(Quick Draw): https://youtu.be/Zwg7Le-xEYl (AI 더빙)

9. 티처블 머신(Teachable Machine): https://youtu.be/VgZRMURtsK4 (AI 더빙)

10. 오토드로우 & 구글두들바흐: https://youtu.be/yi40i77fnIg (AI 더빙)

11. MS 오피스 인공지능 텍스트 추출: https://youtu.be/sYQMAcLWNg0

12. 구글 문서 인공지능 음성 입력: https://youtu.be/3WOKlJxTqxc

도의 시간을 내어 온라인 콘텐츠 영상을 제작하고, 유튜브 채널에 업로드하거나 게더타운 가상 학교 맵에 전시하여, 다른 학생들이 언제든지 접속하여 주제별 영상을 탐구할 수 있도록 하였다. 뿐만 아니라 온라인으로 다른 학생들의 멘토 역할을 하는 랜선 멘토링 활동을 진행하고 있는데, 랜선 멘토링 활동은 학기 초에 교내 봉사로 계획하여 학생들에게 봉사 시간도 부여할 수 있다.

또한 학교는 소프트웨어, 인공지능 관련 동아리 회원 및 진로 희망 학생을 대상으로, 인공지능 관련 전문가를 초청하여 파이썬 실습, 메타버스 공간 구축 등 다양한 주제를 탐구하였다. 특히, 방학 기간에는 '인공지능 오픈 교실, AI 클래스' 라는 AI 집중 교육을 통해, 행렬 등 인공지능 수학의 기초 개념을 탐구하고, 파이썬 실습 등을 통해 학생들의 인공지능 관련 기초 소양을 배양하였으며, 게더타운 공간 구축 실습을 통해 메타버스를 체험하는 시간을 가졌다.

학교생활기록부 기재 예시(동아리활동 세부능력 특기사항)

메타버스 가상공간에서 인공지능 관련 동아리 행사의 스태프로 활동함. 시각 자료를 제작하고 홍보, 준비, 진행을 위해 조원들과 시뮬레이션, 수정, 토의를 거쳐 행사를 성공적으로 이끎. 또한, 통계 예측 모델 '선형 회귀법'을 주제로 랜선 클래스 발표 영상을 제작하여 온라인 공개 영상 플랫폼에 배포함. DIKW 피라미드로 관련 내용, 공식을 설명하고 데이터를 직접 입력하여 엑셀로 구현하는 등 다양한 탐구 활동으로 다양한 분야의 관점에서 통계학을 바라보는 식견을 넓히는 등 동아리 활동에 적극적이고 주도적으로 참여하는 학생임.

학교생활기록부 기재 예시(개인별 세부능력 특기사항)

창의 융합 인공지능 오픈 교실(2021.08.03.~2021.08.04. / 8차시)에 참여하여 메타버스 가상공간을 구축함. 메타버스 플랫폼 중 게더타운을 활용하여 가상 학교 맵을 제작하며, 메타버스에 대한 이해도를 높임. 이후 추가적인 탐구 활동으로 메타버스의 구성에 필요한 핵심적인 기술들에 관하여 탐구를 수행함. 이 과정에서 중앙 처리 장치 혹은 저장 장치와 같은 컴퓨터 자원들에게 작업을 나누어 과부하를 막는 컴퓨터 네트워크 기술인 로드 밸런싱에 대하여 알게 됨. 실제 게더타운을 비롯한 많은 엔진에서 블룸 필터 방식을 사용하여 검색 속도를 높이고 저장 공간을 절약함을 이해. 또한, 라운드로빈, 최초 연결 방식 등 서버의 과부하를 억제하는 여러 가지 방법을 탐구함.

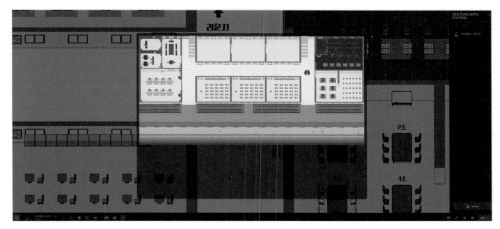

Math MVP 동아리에서 제작한 포항제철고 게더타운 가상 학교 맵 전경

메타버스 공간 구축 실습에 참여한 Math MVP 동아리 학생들은 서로 협업하여 '메타버스 가상 학교 맵'을 완성하였다. 학생들과 함께 제작한 게더타운 가상학교에는 강의실, 도서관, 교무실 등 실제 학교 공간에 필수적인 요소들이 반영되었으며, 이렇게 제작된 가상학교 맵을 이용하여 2021 메타버스 MATH 페스티벌, 2021 경북 글로벌 위크, 메타버스 진로 멘토링, 국제 교류 등 다양한 교육 활동 행사를 진행하였다.

(2) 가상 전시회(수학 페스티벌)

포항제철고등학교 수학과에서는 수업량 유연화에 따른 학교 자율적 교육 활동으로 '매쓰티벌'이라는 행사를 2018년도부터 진행하고 있다. '매쓰티벌(MATH. TIVAL)'이란, 수학을 의미하는 'MATH'와 축제를 의미하는 'FESTIVAL'을 조합하여 생성한 단어로 말 그대로 '수학 페스티벌'을 의미한다. 코로나 19 이전에는 학교의 소강당에서 직접 발표회 형식으로 행사를 진행하였으나, 코로나 19 이후로는 유튜브나 게더타운 등 메타버스 가상공간을 활용하여 행사를 진행하고 있다.

2020학년도에는 9월 5일 오전 유튜브 실시간 스트리밍 방송으로 온라인 수학 페스티벌을 진행하였고, 2021학년도에는 10월 29일 ~ 10월 31일에 메타버스 가상공간에서 수학 페스티벌을 진행하였다. 코로나 19 상황에 따라 유튜브와 게더타운을 활용하여 메타버스 가상공간에서 수학 관련 발표 및 전시회를 진행한 것이다.

2021 메타버스 MATH 페스티벌 행사 계획(포스터)

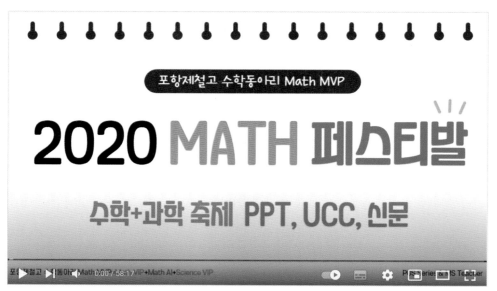

2020 온라인 MATH 페스티벌 1부, https://youtu.be/8ltlks-0cGQ
2020 온라인 MATH 페스티벌 2부, https://youtu.be/Mq3dwlq6uWQ

수학 페스티벌은 수학 PPT, 수학 UCC, 수학 SONG, 수학 과학 신문 등 수학과 관련된 탐구 활동을 기반으로 한 각종 발표 자료를 수합한 후, 우수작을 선별하여 발표회 형식으로 진행하는 행사이다. 사전에 신청한 학생들에 한하여 수학 체험 재료를 배부하였고, 메타버스에 삽입된 체험 수학 영상을 통해 각자의 공간에서 체험 수학 활동을 진행할 수 있도록 하였다.

2018학년도부터 2020학년도까지는 교내 대회로 진행하였으며, 우수작에 선정된 학생들은 학교생활기록부에 수상 실적이 기재되었다. 그러나 2021학년도에는 시상을 하지 않는 행사로 진행하였다. 2021학년도 1학년부터는 대입 전형에 수상 실적이 기재되지 않으며, 2학년과 3학년은 한 학기당 1개의 수상 실적만 기재되는 입시 상황을 반영한 것이다.

2021학년도의 매쓰티벌 행사는 '2021 메타버스 MATH 페스티벌'이라는 제목으로 개최되었다. 게더타운의 가상 학교 맵은 Math MVP 수학 동아리 학생들과 함께 제작하였던 기존 맵을 활용하였다. 게더타운의 SPACE라고 불리는 맵은 복사를 할 수 있다. 따라서, 한 번 맵을 잘 만들어 놓으면, 복사 기능을 활용해서 다양한 교육 활동에 계속 활용할 수 있는 큰 장점이 있다.

실제로 2021년 7월 경, 메타버스 공간 구축 실습 특강을 이수한 Math MVP 동아리 학생들이 주축이 되어 게더타운 내에 포항제철고등학교의 가상공간을 제작하였다. 이 맵을 10월에는 '2021 메타버스 MATH 페스티벌', 11월에는 '2021 포항 수학 체험전', 12월에는 '2021 경북 글로벌 위크'에서 전시물만 수정하여 다양한 교육 활동에 활용하였다.

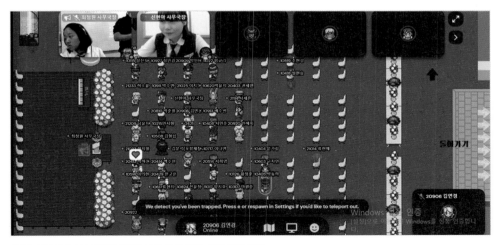

2021 메타버스 MATH 페스티벌 개회식 및 단체 사진 촬영 장면

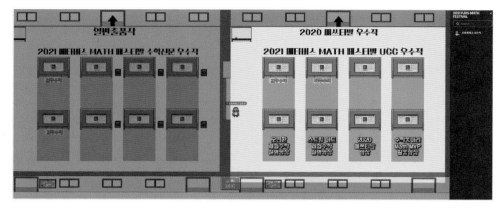

2021 메타버스 MATH 페스티벌 PPT, UCC 등 우수작 전시 공간

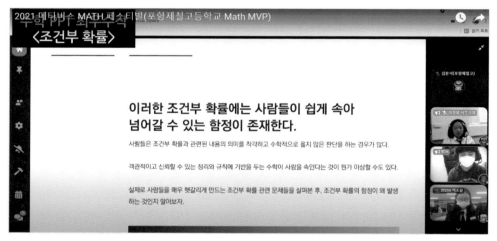

2021 메타버스 MATH 페스티벌, PPT 부분 최우수작

2021 메타버스 MATH 페스티벌 단체 사진 촬영

학생생활기록부 기재 예시(개인별 세부능력 특기사항)

창의 융합 학술제: 메타버스 MATH 페스티벌(2021.10.29.)에 사무국으로 참여하여 메타버스 플랫폼인 게더타운 가상 학교에서 전시회 및 발표회 행사의 스태프로 활동함. 특히, 직접 게더타운 맵을 디자인하고, 공간을 구상한 후 우수 발표작 영상 및 발표 자료를 오브젝트에 연동함. 특히, 메타버스 맵 제작의 총괄을 맡아 각종 자료들을 분류 및 정리하고 드라이브 계정을 활용한 오브젝트 연동의 아이디어를 제시하는 등 스태프를 이끌고 행사를 진행하는 리더십을 발휘함.

학생생활기록부 기재 예시(개인별 세부능력 특기사항)

창의 융합 학술제: 메타버스 MATH 페스티벌(2021.10.29.)에 사무국으로 참여하여 가상 전시회 및 발표회의 스태프로 활동함. 인공지능 오픈 교실에서 학습한 메타버스의 활용으로 게더타운에서 직접 학교 형태의 가상공간을 디자인하여 제작함. 공동 작업의 중요성을 깨닫고, 팀을 조직하여 학교를 구획으로 나누고 사무국 일원에게 역할을 배분함. PPT, UCC, 수학 신문의 우수작을 온라인 가상 교실에 오브젝트에 연동하여 배치하고, 사진 파일 등의 링크를 달고, 실시간 발표 온라인 공간 만들어 화면을 송출함. 관람 학생 방문 유도를 위해, 여러 명이 동시에 할 수 있는 해변 달리기, 트랙 질주 등의 레크리에이션을 배치·운영하는 등 행사를 총괄하는 리더십도 발휘함.

학생생활기록부 기재 예시(개인별 세부능력 특기사항)

창의 융합 학술제: 메타버스 MATH 페스티벌(2021.10.29.)에 사무국장으로 가상 전시회 및 발표회 행사를 총괄하여 진행함. 메타버스 플랫폼인 게더타운에서 직접 맵을 디자인하고, 게더타운 속 교실에 작품을 분야별로 전시하는 등 공간 구성을 기획함. 페스티벌 행사의 사회자의 역할을 맡아 게더타운의 사용법을 설명함. 사무국 부원들과의 소통을 통해 갈등 조정 능력을 기르며, 리더십도 발휘함. 메타버스와 관련된 추가적인 탐구 활동으로, 한국관광공사가 미국의 메타버스 게임 플랫폼 '로블록스'를 활용해 강릉을 배경으로 한 '오징어 게임'을 제작한 것을 조사함. 또한, 메타버스 MATH 페스티벌의 '수학 PPT' 부문에 참여함. 푸리에 변환을 통한 불확정성 원리 유도에 관심을 갖고, 푸리에 변환과 활용에 관한 탐구 내용을 PPT로 제작함. 소리의 진동수를 직접 주기 함수로 나타내고, 주기 함수를 임의의 간격으로 감아 새로운 함수를 그려보는 과정에서 그래프를 통해 진동수를 추론할 수 있는 역량을 기름. 또한, 직접 그래프를 그려 초당 또는 바퀴 수가 진동수와 같을 때 특이한 무게 중심의 위치를 가지는 것을 확인함. 이후, K-SPACE, 적분 변환, NMR 시그널 등의 주제를 추가적인 조사하여 보다 탄탄한 지식을 구축함.

03
봉사 활동

포항제철고등학교 Math VIP 동아리 학생들은 이미 제작된 게더타운 맵을 활용하여 2021년 11월부터 지역 사회 유관 기관과 연계한 일대일 학습 활동으로 멘티-멘토링 봉사 활동을 실시하였다.

제1기 멘토링 활동에서는 멘티로 초등학생 및 중학생 18명, 멘토로 포항제철고등학교 수학 동아리 Math MVP 학생 18명이 참가하여 총 36명의 학생이 진로 멘토링

지역사회 유관 기관과 메타버스 진로 멘토링 MOU 체결(효곡동 지역사회보장협의체)

메타버스 진로 멘토링 활동 모습

메타버스 진로 멘토링 활동 모습

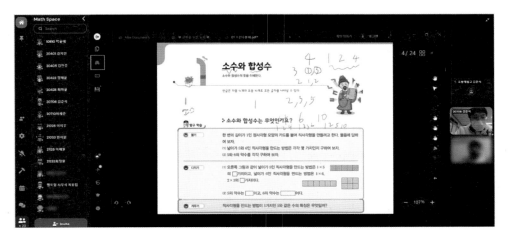

메타버스 진로 멘토링 일대일 활동 장면

메타버스 진로 멘토링 진행을 위한 멘토들의 모습(포항제철고등학교 멀티미디어실)

활동에 참여하였다. 멘토들은 게더타운 가상공간에서 1차시 수업으로 화면 공유 등을 통해 멘티에게 학습 지원을 실시하였고, 2차시 수업으로는 체험 수학 활동(세팍타크로 공 만들기, 스트링아트 등)을 실시하였다.

학교와 포항 효곡동 행정복지센터 및 효곡동 지역사회보장협의체, 연일읍 다사랑 아동센터와 MOU를 체결하여 멘티-멘토링 활동을 진행하였다. 정보 기기가 없는 멘티에게는 유관 기관에서 노트북 대여비를 제공하였으며, 멘티 학생들은 제공받은 노트북을 활용하여 메타버스에 접속하여 학습 지원 멘토링 활동에 참여하였다.

멘티와 멘토는 일대일로 주어진 메타버스 가상공간의 지정 구역에서 학습 활동을 진행하며, 화면 공유 기능을 활용하여 수학, 영어 등 멘티가 원하는 과목으로 주 1회 수업을 실시하였다. 멘토링 사무국에서는 활동 관리 학생들을 선발하여 멘토링 활동을 관리하였다. 특히, 멘토링 시간에는 학생들이 일대일로 멘토링을 하는 공간을 메타버스 상에서 순회하면서 멘토링 활동을 지도·감독하였다.

코로나 19가 지속되고 있는 현 시점에서 비대면 활동으로 교육 봉사 활동을 진행함에 따라, 멘토들은 교내 수학실, 전산실 등에서 멘토링 활동을 진행하였고, 멘티는 각자의 집에서 멘토링 활동에 참여하였다. 이러한 비대면 활동은 코로나 19에 따른

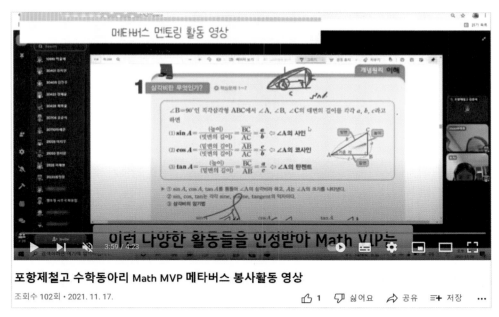

포항제철고 수학동아리 Math MVP 메타버스 봉사활동 영상

메타버스 진로 멘토링 활동 소개 영상(https://youtu.be/_kQC2WR4ls0)

감염 위험의 걱정을 피할 수 있는 장점이 있었다. 동시에 메타버스 멘토링 활동을 소개하는 영상을 제작하여 위 그림과 같이 유튜브 채널 Math MVP에 배포하였다.

　메타버스 진로 멘토링 활동은 Math MVP 수학동아리 학생들이 멘토로 구성이 되었지만, '동아리 활동의 일환으로 봉사 활동을 실시한 경우, 봉사 활동 실적으로 인정하지 않는다.'라는 학교생활기록부 기재 요령에 위배되지 않는 별개의 활동으로 실시하였다.

　다음 표와 같이 학기 초에 학교 교육 계획에 제출한 봉사 시간 부여 계획에 의해 멘토링 활동에 참여한 학생들에게 봉사 활동 시간을 부여하였다. 현재 외부 봉사 활동은 대입에 반영되지 않고, 교내 봉사 활동만 학교생활기록부에 기재가 가능하며 대입에 반영되고 있으므로, 학생들의 내실 있는 학교생활기록부 작성에 큰 도움이 되었다.

2021 메타버스 진로 멘토링 봉사 시간 부여 계획(학교 교육 계획서)

봉사 활동 내용	시작 일자	종료 일자	시간	인원	학년
학습 클리닉 교육 봉사, 멘티·멘토링 활동	2021.03.22.	2021.08.18.	8	30	2~3
	2021.08.19.	2022.01.31.	8	30	1~2

04
진로 활동

(1) 인공지능 창작 공모전

2021학년도 2학기부터 고등학교 교육과정에 '인공지능 수학'이라는 과목이 신설되었다. 이에 발맞추어 학교에서는 인공지능 수학 과목의 성취 기준인 '[12인수02-02] 수와 수학 기호로 표현된 텍스트 자료를 처리하는 수학 원리를 이해하고 자료를 시각화할 수 있다.'와 관련된 활동으로 '인공지능 데이터 분석과 진로 탐색'이라는 주제로 창의적 체험 활동을 편성하여 진로 탐색 활동을 실시하였다. 또한, 이와 관련하여

출처: wordcloud.kr

인공지능(AI) 창작 공모전, 공동 교육과정의 수행평가 등 다양한 교육 활동을 추가로 진행하였다.

학생들의 진로와 관련된 주제를 선정하여 기사를 검색하고, 워드클라우드 또는 단어 시각화 방법을 통해 텍스트 데이터를 시각화하여 관심 주제의 핵심 키워드를 분석하거나, 데이터 시각화를 제공하는 프로그램을 활용하여 시계열 데이터를 그래프로 구현하여 분석을 실시하는 등의 진로 보고서를 작성하는 활동을 실시하였다. 다음의 보고서 샘플(148쪽 〈인공지능 데이터 분석과 진로 탐색〉 보고서)을 통해 데이터 시각화와 관련된 진로 탐색 활동의 내용을 참고할 수 있다.

데이터 분석과 관련된 방법인 워드클라우드 및 시계열 데이터 분석 방법을 동아리 학생들과 온라인 콘텐츠 영상으로 촬영하여 대회 안내 자료로 사용하였다. 제작한 홍보 콘텐츠는 동아리 유튜브 채널인 Math MVP에 배포되어 있으며, 이를 통해 데이터 시각화 방법에 대해 알 수 있게 하였다. 또한, 수합한 보고서를 바탕으로 학교 교육 계획에 의한 교내 시상을 실시하였으며, 이후 메타버스 가상공간에서 시상식을 진행하였다. 한편, 미리캔버스를 활용하여 포스터를 제작하여 홍보를 실시하였다. 시상식 실제 진행 장면은 유튜브 Math MVP에서 확인할 수 있으며, 시상식 관련 자세한 설명은 동아리에서 운영하고 있는 네이버 블로그를 통해서 확인할 수 있다.

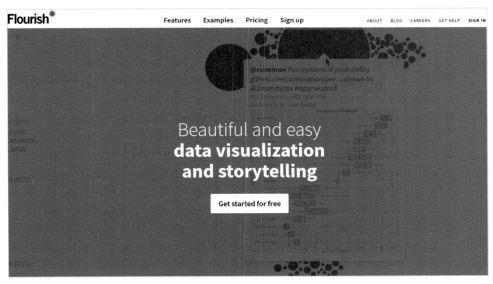

출처: flourish.studio

〈인공지능 데이터 분석과 진로 탐색〉 보고서(샘플)

주제	비트코인 채굴로 인한 환경오염 및 화폐 가능성 측면에서의 비트코인 전망 예측
요약	워드클라우드로 신문 기사를 시각화하고 분석함으로써 비트코인 채굴이 환경 파괴에 큰 영향을 끼치고 있으며 테슬라 CEO인 일론 머스크의 발언에 의해 최근 크게 이슈가 되었다는 것을 알 수 있었다. 환경과 비트코인 채굴이 어떤 관계가 있는지 정확하게 파악하기 위해 비트코인 채굴에 따른 소비 전력량의 변화 데이터를 찾아 Flourish를 사용해 그래프를 그려본 결과 최근에는 스웨덴의 전력 사용량을 넘어설 정도로 비트코인 채굴 전력 사용이 심각하다는 사실을 알게 되었다. 이런 상황에서 비트코인에 대한 미국, 중국 등 주요 국가의 '비트코인 금지' 정책을 알아보고, 동시에 그와 반대되는 엘살바도르의 '공식 화폐 지정' 이유를 탐구해 보는 과정에서 비트코인을 새로운 금융 기술로만 이해하는 것을 넘어 환경과도 연결지어 고려해 볼 수 있게 되었다.

1. 탐구 동기

최근 블록체인 기술을 기반으로 자유롭게 송금 등의 금융 거래를 할 수 있는 '비트코인'이 각광받고 있다. 특히, 비트코인은 저성장 시대에서 엄청난 수익률을 자랑하는데다 테슬라와 같은 공룡 IT기업에서 상용화를 추진하려고 하는 상황에서 한국인들의 최대 관심 투자 종목이 되고 있다. 하지만 인기가 높아진 만큼 환경에 대한 문제 역시 꾸준히 제기되고 있기 때문에 객관적인 '전력 소모량' 분석을 통해 환경에 어떠한 영향을 끼치는지를 주요 국가의 정책 및 글로벌 추세와 함께 알아보고자 한다. 그리고 전력 소모량의 변화를 통해 코인의 가격 변화를 유추하고 그 중 변동성이 큰 사례의 원인을 분석함으로써 비트코인의 가격 결정 요인을 알아보고 이를 통해 화폐로서의 안정성을 지닐 수 있는지를 분석하여 기존부터 제기되어 왔던 비트코인의 고위험성에 대해 심화 탐구해 보고자 한다.

2. 탐구 과정 및 내용

기사	www.mk.co.kr/news/world/view/2021/05/461575/
데이터 출처	cbeci.org/cbeci/comparisons
코드 (Flourish 링크)	public.flourish.studio/visualisation/6435069/

(1) 워드클라우드를 통한 신문 기사 시각화 및 분석

비트코인은 블록체인 기술을 기반으로 만들어졌으며 중앙은행 없이 전 세계적 범위에서 P2P 방식으로 개인들 간에 자유롭게 송금 등의 금융 거래를 할 수 있는 온라인 암호 화폐이다. 비트코인은 2012년 한국에 본격적으로 알려진 이후 2019년부터 극적인 성장률을 기록하며, 코로나 19로 인한 저성장 시대에 최고의 투자처로 각광받고 있다. 특히, 2021년 3월 말 전기차 등을 구매할 때 쓸 수 있는 결제 수단의 하나로 비트코인을 채택하겠다는 일론 머스크, 테슬라 최고 경영 책임자(CEO)의 트위터 글로 인해 순식간에 비트코인의 가격이 30% 이상 오르면서(5만 6천 달러) 연내 최고치를 기록했다.

하지만 같은 해 5월 일론 머스크가 트위터를 통해 "비트코인을 통한 자동차 구매를 일시 중단한다."고 입장을 번복해 그 주 비트코인 구매자는 급락의 슬픔을 겪었다(4만 9천 달러). 그는 "비트코인 채굴과 거래에 드는 화석 연료, 특히 석탄의 양이 빠르게 증가하고 있어 우려스럽다."라며 비트코인 결제를 중단하는 이유를 밝혔다. 대신 "이전에 구매한 비트코인을 전혀 매각하지 않을 것"이라며, "채굴이 보다 지속 가능한 에너지 쪽으로 전환한다면 곧바로 비트코인을 거래에 사용할 의향이 있다."고 밝혀 환경 문제 해결을 조건으로 비트코인에 대한 지지를 보냈다.

이처럼 비트코인으로 인한 환경 문제는 국제 사회가 지속적으로 비트코인 채굴을 금지하는 방향의 제도를 채택하는 가장 큰 이유이다. 실제로 비트코인의 생성 구조상 시간이 지날수록 채굴이 더욱 어려워지면서 전력 소모량이 기하급수적으로 증가하고 있고, 최근에는 스웨덴의 전력 사용량을 넘으며 전 세계에 충격을 안겨 주었다. 또한, 현재 비트코인 생산량의 40%를 차지하는 중국에서도 '석탄 전력 소모 낭비 및 2060년 탄소 협약 준수를 위해 비트코인 채굴 금지'를 공식적으로 선언하며 비트코인 채굴로 인한 전력 남용을 엄중히 단속할 것을 예고했다. 반면, 엘살바도르는 이러한 국제적인 행보와 다르게 비트코인을 국가 공식 화폐로 사용하겠다는 발표를 했다. 그 이유는 비트코인을 통한 소비력 증대 및 심각한 외환 유출을 막기 위해서이다. 엘살바도르의 단독 행위가 국제 사회의 규탄을 받지 않고 결정을 내릴 수 있었던 이유는 조산대에 위치한 지리적 특성으로 생산 가능한 친환경 에너지인 지열 발전 전력으로만 비트코인을 채굴하겠다고 했기 때문이다.

기존에는 비트코인을 투자처, 새로운 가상 화폐, 암호화 기술의 발전 측면에서만 인식했다면, 워드클라우드를 통해 이제는 비트코인을 환경 측면에서도 인식할 수 있어야 함을 알 수 있다.

(2) Flourish를 통한 데이터 시각화

Flourish로 캠브리지 비트코인 전력 소비 지수(Cambridge Bitcoin Electricity Consumption Index: CBECI)의 연구 자료를 '연도별 비트코인 채굴 전력 소모량'을 나타내는 시계열 그래프로 재구성하였다.

거시적으로 자료를 관찰하면 기하급수적인 전력 소모량 증가세를 관찰할 수 있다. 일반적으로 비트코인 가격이 상승하면 비트코인 채굴에 나서는 채굴자도 증가하고 생산량도 증가한다. 이에 따라 최근 채굴 장비의 판매량도 함께 늘고 있다. 또 기존의 업체들도 더 많은 비트코인을 캐내기 위해 장비 가동률을 최대로 높인다. 이렇게 되면 비트코인 채굴 장비에 들어가는 전력 소모량도 그만큼 증가한다. 게다가 비트코인으로 대표되는 암호 화폐(이더리움, 라이트 코인 등)의 채굴은 복잡한 암호를 푸는 계산 과정을 마쳐야 발행된다. 하지만 참여자가 많아지고 남은 암호 화폐의 수량이 줄어들수록 암호의 난이도는 계속 높아져 시간이 지날수록 높은 사양의 채굴 장비가 필요하게 된다.

미시적인 관점에서 관찰하면 2019년 1월, 2020년 8월 전력 소모량이 큰 폭으로 하락한 것을 관찰할 수 있는데 이는 각각, 채굴자 포지션 지수(MPI)의 상승으로 인한 비트코인 매도 압력 상승 및 국제 회계 기준(IFRS)의 암호 화폐 금융 자산 미인정 발표와 코로나 19 장기화로 인한 경제 시장 어닝 쇼크를 원인으로 비트코인 가격이 떨어지면서 채굴량이 급감했기 때문이라고 생각해 볼 수 있다. 비트코인은 투자를 통해서도 얻을 수 있지만, 기본적으로 POW에 의한 채굴로 획득할 수 있는데 이 과정에서 블록체인의 투명성으로 인해 제3자가 채굴자의 전송 경로를 파악할 수 있다. 채굴자 포지션 지수(MPI)도 이러한 블록체인의 특성을 이용해 탄생한 지표로서 MPI가 높을수록 채굴자들의 비트코인 매도 압력이 강해지고 있다고 볼 수 있고, 이 지수는 2019년 초반기 최고점을 찍었다. 또한, 비트코인이 명목상 투기성 자본으로 확인되었다 할지라도, 현 경제 상황과 무관하게 발전할 수는 없기 때문에 코로나 19로 인한 경제 타격을 함께 받아 채굴량이 감소해 전력 소모량이 감소한 것을 관찰할 수 있다.

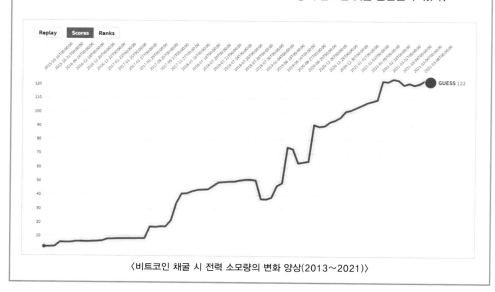

〈비트코인 채굴 시 전력 소모량의 변화 양상(2013~2021)〉

3. 결론

워드클라우드를 통해 비트코인에 대한 환경 문제는 갈수록 커지고 있음을 시각적으로 확인할 수 있었고 이를 중국, 엘살바도르의 행보 및 국제 사회의 권고안과 함께 해석해 보면, 비트코인을 단순히 암호 화폐로만 보는 것(환경 요소를 배제한)에는 이제 무리가 있다는 사실을 확실히 알 수 있다. 또한, '비트코인 채굴 시 전력 소모량의 변화량' 그래프를 통해 급격한 상승 추이를 관찰할 수 있으며, 이런 급진적인 가속세와 하락세에서도 큰 절벽을 보이는 상황은 정부 정책 및 채굴자(공급자) 변화가 지나치게 탄력적이어서 약간의 변화에도 큰 가격의 변동을 일으키면서, 굉장히 불안정한 생산량을 유지하고 있음을 확인할 수 있다. 또한, 화폐의 가치가 크게 변동하지 않음에도 구조의 한계로 인해 시간이 지날수록 비트코인 생산 비용은 더욱 증가함을 고려한다면 화폐 측면에서의 비트코인은 성장 가능성이 굉장히 낮다고 전망해 볼 수 있다.

* 이 보고서는 포항제철고등학교 김수민 학생(2022년 졸업, 서울대 경제학과 재학중)이 직접 작성한 것으로, 오탈자 외 문구는 그대로 게재하였습니다.

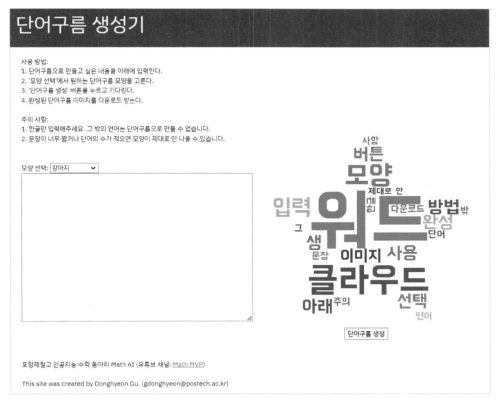

출처: cloba.pythonanywhere.com

* 이 사이트는 포항제철고등학교 Math AI 동아리원인 구동현 학생(2022년 졸업, 포스텍 무은재학부 재학중)이 직접 제작하였습니다.

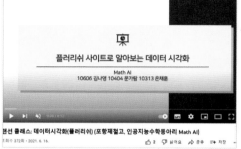

데이터 시각화 안내 자료(단어 구름 & 시계열 그래프)

2021 인공지능(AI) 창작 공모전 홍보 포스터
출처: 네이버 블로그
https://blog.naver.com/mathvip35

2021 인공지능(AI) 창작 공모전 메타버스 시상식 포스터

인공지능 데이터 분석 및 진로 탐색(2021.06.23.)을 통해, 'CIS 지역과 유사한 특징을 지닌 몽골의 대선 이후 정치 환경 및 경제 정책 변화'에 대해 탐구함. 국가 무역 기관의 사이트를 방문하여 현지 무역관의 보고서를 바탕으로 단어 구름 만들기 활동을 수행함. 단어 구름 만들기 활동을 통해 6년간, 인프라, 외국인이라는 키워드가 빈번하게 등장한 것을 확인하고 그 이유에 대해 분석함. 키워드를 바탕으로 대선 이후 예상되는 정부 부처 간 협력적 관계와 정치적 안정성이 기업에 우호적인 정책으로 연결된다는 것을 알게 됨. 산업 구조의 단순화를 극복하고자 정부 주도로 경제 개발 정책에서 인프라 구축 및 산업 구조의 다양화에 주력한다는 점을 분석하며 유라시아 시장의 발전 가능성에 대해 고찰함.

인공지능 데이터 분석 및 진로 탐색(2021.06.23.)을 통해, 국민연금의 개혁에 대해 데이터 분석을 실시함. 워드클라우드로 '국민연금 고갈 논란'에 대한 여론 조사를 다룬 기사를 시각화해 두드러진 키워드인 불안, 보험료율을 통해서 국민들이 국민연금 개편의 필요성을 통감하면서도 보험료율 인상에 전적으로 동의하기 어려운 상황임을 인식함. 국민들의 수용성을 높인 자신만의 해결책을 제시하기 위해 먼저 한국 사회 안에서 국민연금의 역할을 되돌아보아 현행 제도가 사회 보험으로서 소득 재분배 효과를 도모하기 위한 역할도 분명히 맡고 있지만 단계별 인상을 기반으로 후 세대의 부담을 덜기 위해 종전보다 '수지상등의 원칙'에 다가가야 한다는 의견을 밝히는 등 복지 분야에 대한 관심을 정책적으로 풀어내는 능력이 인상적임.

(2) 메타버스 가상 시상식

인공지능 창작 공모전 결과에 대한 시상식을 메타버스 플랫폼인 'Jump-Virtual Meetup'(현재는 ifland로 업데이트됨)에서 비대면으로 실시하였다. 이 시상식은 동아리 학생들이 주관하여 준비하였으며, 교장 선생님 훈화 말씀, 내외빈 소개, 시상 등 실제 시상식 진행 방식과 동일하게 진행하였다.

이날, 공모전 시상식에서는 'OECD 국가들의 보건비 지출 동향, 그리고 코로나 19 팬데믹'이라는 주제로 보건 정책과 관련된 진로 탐색 보고서를 제출한 학생이 대상을 수상하였다.

휴대전화 어플 검색 화면

2021 인공지능(AI) 창작 공모전 메타버스 시상식 '대상' 수상작 발표

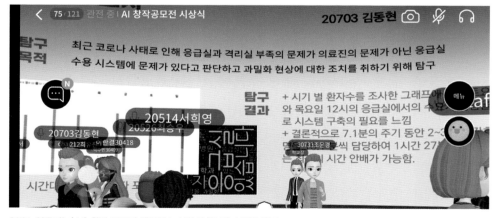

2021 인공지능(AI) 창작 공모전 메타버스 시상식 '금상' 수상작 발표

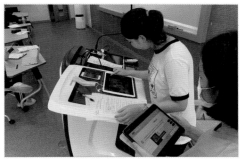

2021 인공지능(AI) 창작 공모전 메타버스 시상식 사무국
(운영진) 진행 모습

2021 인공지능(AI) 창작 공모전 메타버스 시상식(녹화 영상)

실제 시상식에는 행사를 준비한 수학 동아리(Math AI) 사무국 학생과 시상자인 교장선생님은 포항제철고등학교의 창의융합(AI)실에서 태블릿 PC를 활용하여 메타버스 공간에 참여하였고, 그 외에 수상자 및 외빈들은 각자의 위치에서 메타버스 공간에 참여하여 시상식을 빛내었다.

인공지능 창작 공모전 메타버스 시상식 실제 진행 영상은 유튜브 채널 Math MVP에서 시청할 수 있다.

학교생활기록부 기재 예시(동아리활동 세부능력 특기사항)

메타버스에서 실시한 동아리 활동에 스태프로 참여함. 특히, 행사를 위해 대본 작성, PPT 제작 등을 주도하고 직접 사회자의 역할도 맡으며 행사를 성공적으로 이끎. 메타버스 플랫폼에는 게더타운(Gather Town)에서 직접 가상 학교 맵을 디자인하여 제작함. 인공지능과 관련 영상, PPT 등의 다양한 산출물을 주어진 오브젝트에 연동시키고, 행사와 관련하여 다양한 아이디어를 제시하는 등 우수한 역량이 돋보이는 학생임. 특히, 메타버스와 관련된 저명 인사에게 직접 메일을 보내 행사 초대장을 발송하고 승낙을 받아내는 일화를 통해 학생이 동아리에 임하는 남다른 열정을 확인함.

워드 클라우딩 기술을 활용하여 보건의료 디지털 혁신에 관한 신문 기사를 탐독하여 단어구름으로 시각화하고 관련 데이터를 시계열 그래프로 구현하여 분석함. 이를 통해 인공지능 기반 디지털 의료서비스가 미래 보건 분야의 유망산업으로 부상하고 있음을 인식함. 또한, 미래에는 기업의 IT 기술과 정부 기관의 보건의료 정보를 결합한 새로운 가치가 창출되어 국민의 의료수준이 질적으로 향상될 것이라는 의견을 제시함. 이를 통해, 4차 산업혁명 시대의 과학적 식견을 갖추는 융합적 인재가 되고 싶다는 포부를 밝힘.

CHAPTER 4

Teachers Connected Through Metaverse

연구와 소통을 이어가는 메타버스 속 교사

01
메타버스에 나타난 교사들

(1) 어느 연구회 회장의 고민

1학기가 마무리되어 가는 7월 어느 날 저녁, 범교과 수업 연구회의 회장인 조길동 선생님은 생각이 많아졌다. 연구회 선생님들과 더 많이 교류하면서 적극적으로 연구 활동을 전개하는 마음으로 올해 초 연구회 회장직을 맡기로 하고 운영 계획도 깔끔하게 세워두었지만, 마음먹은 대로 진행되고 있는 것 같지 않았기 때문이다. 가장 중요하고 큰 문제는 도무지 선생님들을 마주할 기회가 없다는 것이다. 학교 일로 바빠서 모이지 못하는 것은 아니었다. 이전부터 선생님들 사이에서 역량과 열정이 넘치기로 소문난 분들이 활동해 오고 있는 연구회이기 때문에 처음부터 서로 배우고 나누기 위해 모이신 분들이셨고, 그분들에게 바쁜 학교 일은 그리 큰 문제가 아니었다. 문제는 모이고 싶어도 모이지 못하는 상황이라는 것이다. 코로나 19 유행 상황이 쉽사리 잦아들 기미를 보이지 않으면서 아이들은 등교하지 못하고, 어른들은 출근하지 못하는 상황에서, 사적 모임 인원 제한에 맞춘다고 하더라도 연구회 모임을 대면으로 진행하는 것은 교사 개인이나 기관의 입장 모두 부담스러운 일이었다. 모든 사람이 기본적인 사회생활도 영위하기 어려운 상황에서 연구회 모임은 불가능하였다.

하지만 이런 상황에서 학생들이 배움을 멈추지는 않았던 것처럼, 아이들을 더 잘 가르치고 싶은 선생님들의 바람도 그치지 않고 한결같았다. 아이들은 원격 수업으로

나마 배움을 이어가고 있고, 교사들도 온라인 콘텐츠를 활용한 수업을 통해서 학생 중심의 수업이 가능함을 경험했다. 그러면서 선생님들은 더욱 질 높은 원격-등교 병행 수업을 위한 노력에 더욱 박차를 가했다. 이러한 급격한 변화 속에서 도리어 교과 선생님들과 더 많은 교류, 더 많은 배움에 대한 열망이 자라나고 있었다. 아마 모든 연구회가 그렇듯, 조 회장님도 원격 수업을 진행하고 참여해 본 경험을 바탕으로 온라인 모임을 개최했다. 연구회 모임 일자가 확정되고, 자신의 줌 계정으로 회의를 예약했다. 다음 주 목요일 오후 아홉 시로 결정했다. 선생님들이 용무를 마치고 귀가해 편하게 접속할 수 있도록 결정한 시간이다. 생성된 회의의 주소를 연구회 그룹 채팅방에 배포했다. 학생들과 원격 수업을 위해서 준비하던 원격 회의를 연구회에 적용하다니 자신이 기특하게 여겨졌다.

목요일 아침, 드디어 온라인으로 진행되는 원격 모임의 첫날이 밝았다. 오래간만에 선생님들과 담소를 나누며 수업과 성장의 사례를 나눌 날이 되었다. 점심 시간 무렵 오늘 있을 오후 아홉 시 모임에 대한 안내를 그룹 채팅방에 다시 공지한 후 이번 온라인 모임에 대한 연구회 참석 협조 공문이 잘 발송되었는지 확인해 본다. 공문이 필요한데 해당 학교에서 이를 전달받지 못한 선생님이 몇 분 계시는 것 같아, 기안문 파일과 문서 번호를 선생님들께 정리해서 안내한다. 학교에서의 일과를 마무리하고 퇴근하고 이것저것 정리하다 보니 벌써 오후 여덟 시가 되었다. 그룹 채팅방을 통해 선생님들에게 다시 한번 접속 안내 메시지를 전하고 화상 회의 프로그램을 실행하였다. 화상 회의를 진행하기에는 집이 어수선한 듯해서 가상 배경을 적절하게 선택하고 선생님들을 맞이할 준비를 이어간다. 벌써 59분이다. 화면 옆에는 접속 대기 중인 참가자가 5명 있다고 뜬다. 참가를 수락하니 선생님들이 각자의 장소에서 익숙하고 반가운 모습을 비춘다. 이제 정말 온라인 모임을 진행할 시간이 되었다! '잘 진행되어야 할 텐데' 하는 걱정이 앞서지만 결과는 끝나봐야 알 수 있는 일이다.

온라인 연구회를 운영하기 시작한 지 3개월, 오늘도 어김없이 온라인 월례 모임의 날이 찾아왔다. 여느 때와 같이 아홉 시에 모이기로 정했고, 이제는 화상 회의 예약도 물 흐르듯 자연스럽게 진행되고 있다. 접속이 가능한 회원들이 모여서 수업 나눔도 하고 소식 안내도 하면서 자연스럽게 진행이 되어간다. 한 시간이 남짓한 모임의 시간을 가지니 벌써 모임을 마무리할 시간이다. 마무리 인사를 나누고 회의를 종료한다. 온라인으로 연구회 활동을 진행하는 것은 어쩔 수 없지만 이제는 너무나도 당연한 일이 되어, 한두 번 이어지는 원격 월례에 회장인 조길동 선생님도, 동료 선생님들도 잘 적응해가고 있는 것 같다.

사회적 거리두기를 유지하며 '오프라인 모임을 어떻게 진행해야 할까?', '온라인 모임으로 진행이 잘 안되면 어떻게 하지'하며 전전긍긍하던 이전과 비교해서 그렇게 다시 찾아온 평온함을 누리고 있으면서도 조길동 선생님의 마음 한쪽에서는 지금의 월례 모임에서 뭔가가 빠진 듯한 느낌을 지울 수 없다. 그 왁자지껄한 담소, 선생님들이 이곳저곳으로 오고가는 분주한 모습, 그리고 선생님들의 사례들과 활동에 참여하는 모습 등 오프라인 모임의 에너지가 빠져 있는 것 같다. 선생님들의 열정이 사그라든 것은 아닐 것이다. 단지 지금의 상황이 그 에너지를 다시 불러일으키기에는 충분하지 않은 것일 뿐이라고 생각한다. 그리고는 대면 모임이 어려운 상황이지만 활동의 모습을 지금보다 더욱 명확하게 기록으로 남겨둘 수 있고, 참여하시는 선생님들에게도 활동 참여에 대한 동기를 부여할 만한 방안이 있을까에 대한 조길동 선생님의 고민은 다시 시작된다.

(2) 메타버스 속에서 더욱 활발해지는 모임

조길동 선생님이 연구회 활동의 활성화를 위해 고민하는 이야기는 사실 아이들과 실시간 수업을 진행하는 교사의 고민과도 이어져 있다. 줌 수업에 들어와 있지만 카메라와 마이크를 끄고 있는 학생들, 그리고 고요 속의 외침, 그 속에서 광대가 되어가는 것만 같아 작아지는 선생님의 모습. 이러한 모습은 선생님들과의 온라인 교류에도 그대로 반영된다. 화면과 음성을 끄고 채팅을 골자로 진행되는 온라인 모임이 대부분이다. 자연스럽게 소극적이고 잔잔한 분위기가 연출되고는 한다. 그렇다고 참여가 적은 학생이나 선생님에게 그 책임을 전가할 수는 없다. 대면 모임의 상황을 생각해 보면, 우리는 여러 사람을 다양한 각도에서 마주친다. 자리에 앉아 있는 옆 모습, 내 앞에 앉은 사람의 뒤통수, 45도 각도에서 비친 강연자의 모습들을 마주하게 된다.

사람들과 정면으로 마주할 기회는 오히려 적다. 이렇듯 여러 위치에서 여러 모습으로 비치는 사람들 가운데에서 구석 한자리에 앉아 자신이 원하는 자세와 모습으로 모임에 참석할 수 있다. 그러면서 자신의 모습을 사람들에게 내비쳐야 하는 부담감은 오히려 줄어든다. 하지만 원격 회의 참석자들의 모습은 어떤가? 모두가 카메라를 통해 자신의 '정면'을 비추어야 하고, 우리 역시 각 참가자들을 정면으로 마주하며 모임을 이어나간다. 모두가 나를 쳐다보고 있어 마치 모든 참석자가 강연자가 되어 버린 듯한 풍경이 그려진다. 거기에서 느끼게 될 부담감은 대면 모임의 부담감보다 확실히 강하게 느껴질 것이다.

그렇다면 메타버스 공간 속 비대면 모임의 상황을 살펴보자. 3차원, 또는 2차원적으로, 시각적으로 구현된 가상공간에 나의 모습을 본뜨거나 혹은 본뜨지 않은, 하지만 나를 표현한 아바타가 나타난다. 그 아바타를 나의 의지에 따라 이리저리 이동시킬 수 있다. 공간을 돌아다니다 보면 다른 사용자를 마주치게 된다. 그 사용자 역시 이리저리 움직이는 중이기 때문에 우리는 그를 따라가 대화를 시도할지, 다른 사용자를 찾아 나설지 선택할 수 있다. 그러다 내가 만나기로 한 사용자를 찾아 가까이 다가서게 되면 그제야 채팅과 카메라가 활성화되면서 직접적으로 소통할 수 있는 인터페이스가 실시간으로 구축된다. 물리적인 대면 소통과 원격 회의에서의 소통 그 어딘가의 모습이지 않은가?

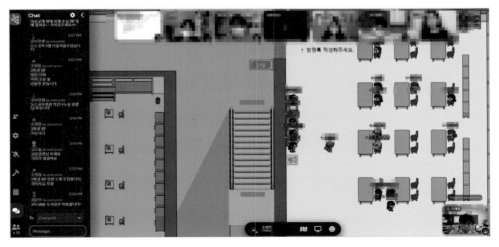

직접 가까이 다가가야 활성화되는 카메라와 마이크

이렇듯 소통과 참여를 원하거나 원치 않을 때를 선택할 수 있다는 점, 그러면서도 물리적인 시간과 공간상의 제약을 넘어설 수 있다는 점에서 메타버스로 이루어지는 모임에서 참여자들은 더 적은 부담감을 가지면서도, 자기 결정에 의한 소통에 적극적으로 참여하게 된다. 앞서도 언급했던 것처럼, 이러한 특징은 수업 속 학생과 교사의 소통뿐만 아니라 교사와 교사가 모인 전문적 학습 공동체 모임에도 유사하게 적용된다.

(3) 메타버스 상설 행사 공간

기존의 원격 회의 플랫폼에는 '회의실'이라는 개념의 온라인 공간이 마련되어 있다. 정해진 링크와 주소를 사용해 이 공간에 다수의 사용자들이 모여 소통한다. 메타버스 플랫폼들은 여기에 시각적으로 구현된 공간이라는 개념까지 확장시킨다.

사무실의 모습을 할 수도, 연회장의 모습으로 꾸며낼 수도 있는 메타버스의 공간은 플랫폼에 따라 차이가 있기는 하지만, 대부분의 경우 사용자가 필요나 목적에 따라 공간을 얼마든지 확장하고 재구성할 수 있다는 점이 특징이다.

그리고 앞서 CHAPTER 1에서 언급한 바와 같이 기존의 원격 회의가 호스트의 회의 종료와 함께 회의실이 닫히는 식의 일회성인 데 비해, 메타버스 상에서 한 번 개설한 공간은 사용자가 얼마든지 재사용하거나 열어 둘 수 있다. 선생님들이 자신의 명함 정보에 메타버스 사무실의 주소를 남겨 건네고, 컴퓨터 화면 어딘가에 메타버스 사무실을 띄워 상주하면서 가상공간에서 언제든 오피스 아워(Office Hour: 교수들이 사전 공지하여 면담 등을 진행할 수 있도록 열어둔 시간)에 비대면 면담의 시간을 가지는 모습도 가능할 것이다.

(4) 메타버스로 펼쳐지는 교사 성장과 소통의 장

이러한 메타버스의 기술적이고 공간적인 특성을 활용해 실제로 교육자들이 모이는 다양한 행사를 메타버스로 진행하는 경우가 많아지고 있다. 모임 안내는 대면 모임 때와 동일하게 시간뿐만 아니라 '장소'를 다시 명시한다. 참석을 희망하는 선생님

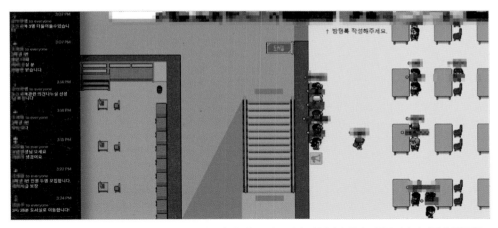

경력이 짧은 선생님은 소파에 앉지 않고 그 옆에 얌전히 서 있는 모습. 가상 인물(아바타)과 가상공간이기 때문에 발생하는 재미있는 현상

들은 자신의 아바타로 직접 가상공간에 도착한다. 공간의 구석들을 다니면서 다른 사용자와 마주치고 인사한다. 모임 시간이 되면 다들 정해진 장소에 모여 진행자의 안내에 따라서 분임별로 장소를 이동하거나, 탁자에 둘러앉아 소그룹 토의를 진행하거나, 연단에 서서 화면 공유를 켜고 발표를 하기도 한다. 이렇게 메타버스에서 진행되는 모임은 원격 회의처럼 강제적이지 않고, 대면 모임처럼 물리적인 제약에 매이지 않는, 메타버스만의 실재감 있는 특징을 지닌 비대면 모임이다.

경기 에듀테크미래교육연구회는 회원 수가 60여 명에 이르는 규모의 연구회로 매월 에듀테크와 미래 교육 분야의 여러 사례에 대한 이야기를 나누고 연구하는 범교과 연구회이다. 이 연구회에서는 지난 2021년 4월부터 메타버스 회의 플랫폼인 게더타운을 활용하여 월례 모임을 진행해오고 있다. 연구회에서는 에듀테크와 미래 교육 분야 내 주제를 세분화하여 연구하는 소모임인 '스몰랩'이 여러 개 운영되고 있다. 줌이나 구글 미트의 소회의실(Breakout Rooms) 기능으로도 소그룹 단위의 활동이 가능하다. 하지만, 각 소그룹 간 협조를 위해 이동하거나 모여야 할 경우와 같이 스몰랩 연구 활동을 유기적으로 운영하는 데에 다소 제약이 있었던 부분을 2차원으로 구현된 공간 속에서 각 스몰랩별 활동실을 만드는 방법으로 해결했다.

이 연구회는 정기적인 내부 행사를 메타버스로 진행하는 것에 그치지 않고, 에듀테크와 미래 교육을 주제로 매년 개최하는 연례 공개 행사인 이티페스티벌(E.T.Festival)을 메타버스에 적극적으로 도입하여 성공적으로 운영했다. 이 행사는 무

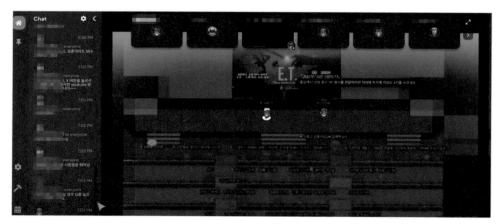

공간의 제약을 벗어나 어디에서든 참여할 수 있는 대제전의 서막이 오른다.

려 '유튜브 실시간 스트리밍이 진행되는 온라인 공간', '스태프들이 모여 토크 콘서트를 진행하는 실제 공간', 그리고 '참석자들이 모여 있는 메타버스 콘서트홀'의 세 세계(三世界)로 3원 생중계되었던 전무후무한 교육 축제 행사였다. 연구회 행사 운영진들은 함께 모여 토크쇼와 강연을 이어가고, 활동에 참여하고자 하는 사람들은 메타버스 강연장에서, 활동에 참여하지는 않지만 행사를 관람하기 원하는 사람들은 유튜브에서 자신들의 방식으로 소통했다. 본래 대면 행사로 기획되었던 축제였으나 코로나 19의 여파로 대면 진행이 어려워진 상황에서 비대면이지만 실재감과 소통이 있는 행사를 만들기 위해 메타버스 공간을 고려했고, 그 결과는 성공적이었다. 비대면으로도 그 공간감과 실재감, 북적이는 사람들의 모습과 교류의 현장을 고스란히 보여 줄 수 있는 거대한 행사의 분위기를 그대로 재현할 수 있었기 때문이다.

교육부에서 주최한 그린스마트미래학교 현장 공감 워크숍도 실제 물리적인 공간과 메타버스 공간이 함께하는 행사로 치러졌다. 각 지역에서 그린스마트미래학교 사업을 추진하는 담당자들이 모여 권역별로 여러 날에 걸쳐 피드백과 제안을 교환하는 워크숍을 통해 도출된 여러 가지 의견들과 자료들을 보관하고 게시하는 전시 공간이자, 그린스마트미래학교에서 추구하는 가치와 방향이 반영된 공간 디자인의 사례를 직접 (아바타의) 발품을 팔며 체감해볼 수 있는 모델하우스로서의 역할을 동시에 수행하는 복합적인 공간이 꾸려졌다. 더 나아가 이제 미래 교육을 위한 공간은 물리적인 공간뿐만이 아니라 메타버스를 위시한 온라인 공간까지 아우르는 초광범위

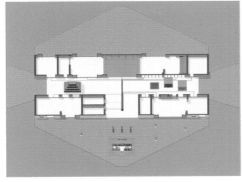

모델하우스 전경 사진

상상워크숍 공간 투어

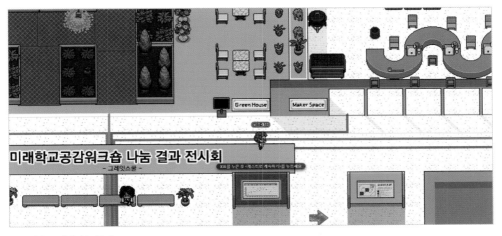

모델하우스 메타버스 공간

한 공간이어야 함을 암시하기도 한다.

앞서 언급된 사례에서 확인했듯이 많은 교육 단체에서 메타버스 공간을 도입하고 활용함으로써 대면 활동의 한계뿐만 아니라, 기존 원격 회의의 한계를 극복하는 방안을 고심하고 연구해오고 있다. 메타버스 플랫폼으로 나눔과 교류의 현장감을 강화하면서 더욱 적극적인 소통과 피드백을 가능하게 하고 있다. 이러한 시도들이 지금당장은 불가능한 대면 활동을 그저 대체하기 위한 수단에 그치지 않았으면 한다. 대면 모임이 다시 활발해지고, 모든 행사가 다시 오프라인으로만 진행된다고 하더라도 메타버스의 특징을 이해하고, 필요한 부분에 융합하면서 기존의 대면 행사만으로는 '대체할 수 없는' 더욱 발전된 교류 활동이 이루어질 수 있기를 희망한다.

02
수학교과연구회
(포항 수학 체험전 중심으로)

코로나 19로 인한 온라인 수업 실시로 전국이 떠들썩한 시기에도 소규모 학교는 대면 수업이 실시되었다. 메타버스 플랫폼인 게더타운은 원격 화상 회의 플랫폼 줌(Zoom)의 대안으로 온라인 수업의 새로운 장을 열어 줄 것이라고 기대하고 있었으나 내가 근무하고 있는 학교는 원격 수업을 진행하지 않아 게더타운을 수업 외에 어떻게 활용할 수 있을지에 대한 고민을 하게 되었다. 당시 포항 수학 체험전의 전체적인 운영을 맡고 있어서 2020년에 이어 2021년에도 단위 학교별 수학 체험전을 열기로 하고 단위 학교의 수학 체험전 내용을 공유할 수 있는 방법으로 패들렛(Padlet, 가상 게시판 협업 도구)과 메타버스 공간을 염두에 두고 있었다.

운영 협의회를 이프랜드(ifland, SK텔레콤이 만든 초실감 미디어 플랫폼)에서 진행하며 메타버스 공간에 친숙하게 하였다. 휴대전화로 간단하게 참여할 수 있고 수업이나 행사 때도 사용할 수 있는 것에 대해 함께하신 선생님들도 흥미로워하셨다.

게더타운은 실시간 화상 원격 수업 플랫폼인 동시에 오브젝트에 다양한 상호작용의 요소를 넣을 수 있다는 놀라운 장점이 있다. 홈페이지처럼 게더타운 주소만 있으면 언제나 접속할 수 있으며 동시에 접속한 사람들과 화상으로 만나 채팅과 대화가 가능하다. 이러한 장점들을 살려 교내 수학 체험전을 열고 각 학교의 게더타운 체험전을 연결하면 정말 환상적인 메타버스에서의 만남이 이루어질 것 같았다.

(1) 송도중학교 게더타운 수학 체험전

게더타운 사이트에서 제공하는 School(Medium) 탬플릿을 사용하여 실재감을 주기 위해 학교 주변의 시장, 분식점, 편의점, 해수욕장을 구현하였고 방 탈출 게임, 해변 달리기, ○× 퀴즈, 보물 찾기 등의 행사를 진행하였다.

게더타운에서 처음 도착하는 위치를 강당으로 설정하여 학생들이 입장하면 자리에 모두 앉도록 하였다. 그리고 수학 체험전에 대한 안내를 하고, 코로나 19로 인하여 한 번도 불러보지 못한 교가를 떼창하면서 서로 감격하였다.

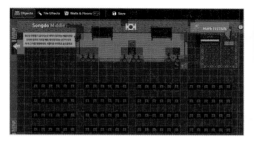
강당(교가 부르기 수업 안내)

송도 비치(해변 달리기, 방 탈출 게임)

교가 함께 부르기 Tip

유튜브에 교가 파일을 업로드한 후 스피커 오브젝트에 'Embedded Video' 기능으로 동영상 삽입
· 교가 가사를 이미지로 만들어 'Upload Image' 기능으로 이미지 삽입

수업 시간이나 수학 동아리 활동 시간에 제작했던 수학 구조물 만들기 동영상을 오브젝트에 설치하고 구글 설문지를 활용한 방 탈출 링크를 연결하여 자유롭게 살펴보고 체험하도록 하였다. 패들렛을 이용하여 출석을 확인하고 체험전 소감문도 업로드하도록 하였다. 단연코 학생들의 최고 인기 장소는 통계 포스터 전시장이었다. 친구들이 직접 만든 통계 포스터와 수학 신문 등이 전시된 공간이라서 친근감을 느꼈으며 학생들은 자신의 작품을 보고 뿌듯해 했다. 특별히 경쾌한 배경 음악을 삽입하여 전시장 공간 안에서 즐겁게 체험할 수 있도록 구성하였다.

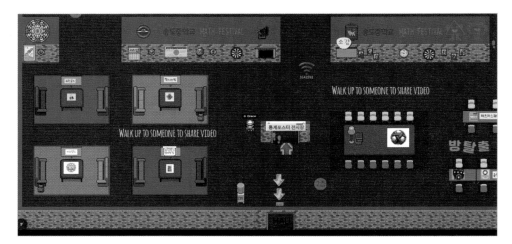

오브젝트에 수학 체험 동영상, 게임 탑재

통계 포스터 업로드 Tip

Poster Set 오브젝트에 'Embedded Image' 기능으로 Image 와 Preview Image 를 업로드

통계 포스터 전시장

8개의 교실을 '탈레스', '피타고라스', '루돌프', '데카르트', '페르마', '오일러', '가우스', '아르키메데스'의 수학자의 방으로 설정하여 업적을 다룬 영상과 이미지를 업로드하였다. 위대한 수학자의 삶이 느껴지도록 위키백과와 오브젝트를 연동하고 교과서에

수학자의 방-'아르키메데스'의 방

나오는 내용을 학습지 형태로 구글 문서로 공유하여 학습할 수 있도록 하였다.

영화관, AI 체험관, 도서관, 쉼터를 만들어 자유롭게 이동하고 쉬면서 체험할 수 있는 공간들을 구성하였다. 특히, AI 체험관은 구글 AI 실험실의 다양한 활동들을 체험할 수 있도록 오브젝트에 링크를 연결하고 활동 결과를 패들렛에 업로드하여 서로 공유할 수 있도록 하였다.

게더타운에 기본적으로 있는 게임 오브젝트들 중 SET 보드 게임, 테트리스 등은 학생들에게도 익숙해서 즐겁게 활동할 수 있었다. 오토바이에 탑승하여 투어를 즐길 수 있는 오브젝트는 빠르게 이동할 수 있는 수단 이외에도 경주를 하며 신나고 역동적인 활동을 가능하게 했다. 운동장에서 바로 바다로 나가 배에 탑승하여 파도소리를 들으며 수학 퀴즈를 풀고 비밀번호 기능을 가진 문을 활용하여 수학 방 탈출 게임을 즐기는 등 현실에서 할 수 있는 많은 활동들이 가상공간에서 구현되니 상상력이 더해져 더욱 흥미로웠다. 반응형 오브젝트를 이용해 작은 재미를 더하여 수학 체험 공간을 꾸미고 벽을 두드리면 새로운 세상으로 인도하는 애니메이션 '이상한 나

영화관, AI 체험관, 도서관, 쉼터

라의 폴'에 나오는 망치처럼 게더타운에서는 Portal 효과를 사용하여 새로운 공간을 계속 만들 수 있다.

게더타운은 학생들이 어렸을 때 했던 '좀비고'라는 게임과 유사해서 더 친근하고 흥미롭게 느꼈고, 미로 찾기, 방 탈출 게임을 할 때는 서로 도와 문제를 해결하면서 자연스럽게 협업이 이루어졌다. 설명해 주지 않아도 오브젝트와 상호작용하고 만들어진 공간을 누비고 다니면서 자기주도적인 활동이 이루어졌고, 상상력과 창의적인 아이디어로 새로운 공간 배치나 아이템을 제안하여 함께 공간을 개선해 나갔다.

온라인 게더타운 수학 체험전과 교실에서 오프라인 수학 체험전 두 가지를 모두 운영하면서 게더타운 공간은 홈페이지 공간의 다음 버전으로 언제나 방문하고 함께 소통할 수 있는 아지트가 될 수 있는 가능성을 볼 수 있었다.

학생들이 직접 체험 공간을 만들도록 참여시키고 체험전을 진행한다면 더 창의적이고 멋진 공간에서 즐거운 활동이 가능할 것이다.

(2) 포항 수학 체험전 게더타운 결과 보고회

포항시 수학교과연구회에서 주관하는 2021 포항 수학 체험전의 운영 협의회 결과 보고회를 메타버스 플랫폼인 이프랜드와 게더타운에서 동시에 진행하였다. 코로나 19 사태로 인하여 2020년과 2021년 포항 수학 체험전은 각 학교별로 체험전 예산을 배분하여 10월 한 달에 걸쳐 단위 학교 수학 체험전을 진행하였다. 2021년 행사 주제는 '함께 떠나요! 랜선 수학여행'으로 운영 협의회(2021년 9월 10일) 및 발표회, 결과 보고회(2021년 11월 26일)는 이프랜드(ifland)에서 진행하였다.

9월 10일에 진행한 2021 포항수학체험전 교사 협의회에서는 10~11월에 개최될 포항 수학 체험전 운영을 위해 수학교사 운영 협의회를 포항교육지원청 대회의실에서 대면 회의로 진행하였고, 메타버스 가상공간에서도 동시에 회의를 진행하였다. 포항 교육지원청에 대면 회의에 참석한 교사들은 대회의실의 화면과 휴대전화를 이용하여 메타버스 플랫폼인 이프랜드(ifland) 가상공간에 접속하여 협의회를 진행하였으며,

2021 포항 수학 체험전 교사 협의회(2021.09.10.)

참석하지 못한 일부 교사들도 각자의 위치에서 메타버스 가상공간에 입장하여 회의에 참여하였다.

2021년 10월과 11월에는 각 학교별 수학 체험전을 대면으로 진행하였으며, 이 기간 동안 학교별로 진행한 수학 체험 활동의 사진, 영상들을 수합하여 11월 26일 결과발표회에 가상 전시회를 개최하며 2021 포항 수학 체험전의 대단원의 막을 내렸다.

포항 수학 체험전 가상 전시회 및 결과 발표회에 사용된 게더타운 맵은 포항제철고등학교 Math MVP 수학 동아리에서 제작한 가상 학교 맵을 활용하였다. 고등학교와 중학교를 나누어 각 전시실에 학교별 수학 체험전 행사 영상을 게시하였으며, 게더타운 접속을 통해 학교별로 진행한 수학 체험전 행사 모습을 확인할 수 있었다. 대강의실에서는 화면 공유 기능을 활용하여 포항 수학 체험전 결과를 발표하였다. 포

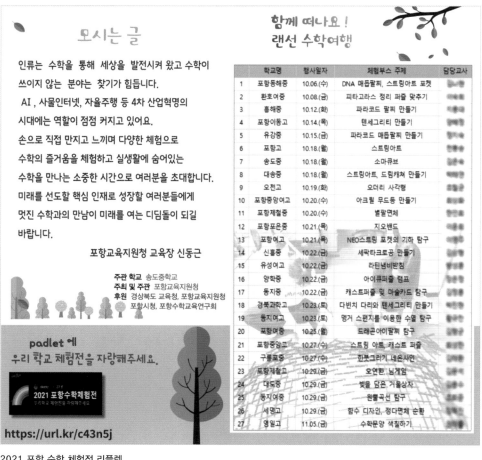

2021 포항 수학 체험전 리플렛

2021 포항 수학 체험전 가상 전시회 영상 탑재 게시판

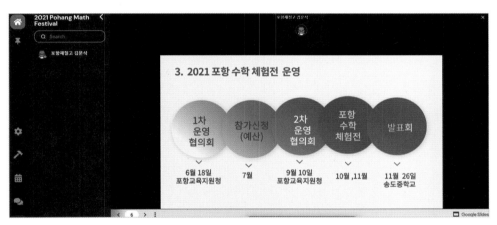

2021 포항 수학 체험전 운영 협의회(구글 슬라이드 탑재, 화면 공유)

2021 포항 수학 체험전 결과 보고회 입장

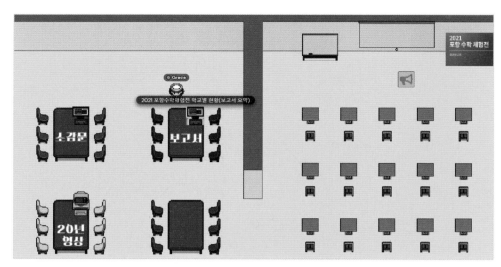

2021 포항 수학 체험전 결과 보고회장 모습

항 송도중학교 전산실에서 현장 발표와 동시에 게더타운을 활용하여 메타버스에서도 현장에 참여하지 못한 교사들을 대상으로 결과 보고회를 진행하였다.

패들렛으로 각 학교별로 수학 체험전에 참여한 학생들의 소감문을 수합하여 데스크탑 오브젝트에 'Embedded Website' 기능으로 업로드하여 열람할 수 있게 하였다. 2,000개에 가까운 학생들의 소감들을 하나하나 읽을 때마다 큰 감동을 느낄 수 있었다.

수학 체험전에 참여한 학생 소감문 1

처음에 들었을 때는 조금 어렵고 힘든 감이 있었지만, 열심히 노력하고 도전한 끝에 정말 아름다운 작품이 탄생한 것 같아서 뿌듯하다. 거울로 인해 나는 세 개의 거울에만 칼집을 내서 무늬를 만들고 색을 칠했었는데, 그 무늬와 색이 반사되어 모든 거울에도 비춰지니까 신기하고 아름다웠다. 하지만 조금 연한색으로 칠한 탓에 엄청 진하게 빛이 보이지는 않아 다음 번에는 조금 진한 색을 위주로 칠해보면서 더 예쁘고 아름다운 작품을 만들고 싶다 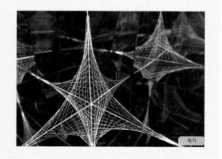 는 생각이 들었다. 이번 체험을 통해 좋은 작품도 얻고 또 좋은 경험도 얻어가는 것 같아 좋았다.

(포항여자중학교 최○○)

성 김대건관에 28개의 수학 축전 부스와 6개의 국제 교류 부스가 있었는데, 체험의 종류가 너무 다양했고 특이하고 흥미로운 체험들이 많아서 친구들과 즐거운 마음으로 활동에 참여할 수 있었다. 가장 먼저 DNA 매듭 반지/팔찌 부스에서 팔찌를 만들어 보았다. 간단한 매듭을 통해 통합과학 시간에 배웠던 DNA의 이중나선 구조를 만들어 연결해 나가니 예쁜 팔찌가 만들어졌다는 점이 뿌듯하면서 재미있었고, 방법을 익히니 생각보다 쉽게 만들 수 있었다. 팔찌를 만들면서 옆에 적힌 설명들을 읽다

2021 포항 수학 체험전 소감

보니 1학년때 배웠던 아데닌, 사이토신, 구아닌, 티민과 같은 관련 내용이 다시 새록새록 기억이 났다. 또한, 테셀레이션 컵받침 만들기 활동을 하였는데, 이 활동을 하면서 테셀레이션이라는 용어를 처음 알게 되었다. 테셀레이션이란 같은 모양의 조각들을 서로 겹치거나 틈이 생기지 않게 늘어놓아 평면이나 공간을 덮는 것이라고 배웠는데, 이 용어와 뜻이 계속 기억에 남을 것 같다. 부스가 너무 많아서 참여하지 못한 부스가 훨씬 많았는데, 끝날 때 아쉬움이 남기도 했고 다음에 또 체험전이 열렸으면 하는 생각이 들었다. 이 외에도 데이터로 본 6·25 전쟁 전시, 통계 포스터 전시, 사장교 & 원형다리, 시어핀스키 삼각형, 조노돔 볼, 하이퍼스페이스 600셀, 케플러 다면체, 맹거스펀지 등 친구들이 만든 여러 가지 대형 구조물들이 전시되어 있었는데, 생소한 용어들과 구조물에 대해 배울 수 있었고, 구경하는 재미도 있었다. 친구들이 며칠 동안 직접 부스를 기획하고 준비하는 모습을 보았었는데, 부스에 참여하는 것만큼 직접 부스를 준비해 보는 것도 의미있고 재미있을 것 같다는 생각이 들었다. 이번 체험전을 통해 직접 활동하면서 배운 내용들은 다른 것들보다 훨씬 더 생생하게 기억에 오래 남을 것 같고, 너무 보람찬 시간이었다고 생각한다. 내년에 또 체험전이 열린다면 꼭 다시 참여하고 싶다.

(오천고등학교 변○○)

CHAPTER 5

Jobs and Careers with Metaverse

메타버스 진로와 직업 탐구

01
메타버스의 기반이 되는 기술

현재 메타버스 기반의 기술 및 서비스는 그 적용 분야를 확대해 나가고 있다. 이미 가상현실이라는 기술을 통해 사람들은 다양한 분야에서 가상 환경을 체험하는 것이 가능해졌다. 이에 1인칭 시점에서의 가상현실 체험에서 가상의 나 자신과 타인이 서로 상호작용할 수 있는 메타버스 세계관에서 활동하는 형태로 트렌드가 변화하고 있다.

메타버스는 가상현실보다 한 단계 더 진화한 개념으로, 아바타를 활용해 단지 게임이나 가상현실을 즐기는 데 그치지 않고 실제 현실과 같은 사회·문화적 활동을 할 수 있다는 특징이 있다.

존 레이도프(Jon Radoff), 딜로이트 리서치 & 분석에 따르면 메타버스는 그 생태계를 7계층으로 구분하며, 메타버스 생태계는 3차원 공간, 자연적인 상호작용, 그리고 공간 컴퓨팅 등과 같이 모바일 인터넷 생태계와는 다른 성격을 지니고 있다.

이러한 메타버스를 구현하기 위해서는 새로운 기술을 기초 이론 단계부터 연구하고 개발하는 것보다 기존의 기술들을 적절하게 융합해야 한다.

메타버스를 가상세계에서의 활동과 연결을 통한 상호작용 및 의사소통이라는 측면에서 볼 때, 메타버스 구현을 위해 필요한 핵심기술은 가상현실 기술(여기서의 가상현실은 증강현실, 혼합현실, 확장 현실을 모두 포함한다.)과 네트워크, 보안기술, 3차원 영상 모델링, 컴퓨터 비전, 영상 처리, 빅데이터 처리 및 분석, 클라우드 컴퓨팅, 사물인

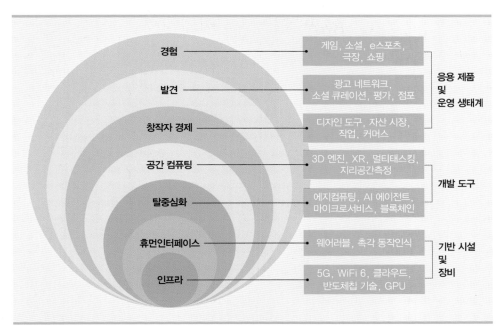

메타버스 생태계
출처: 존 레이도프(Jon Radoff), 딜로이트 리서치 & 분석

터넷(IoT), 블록체인, 인공지능, 하드웨어(반도체, 디스플레이 등) 등으로 매우 다양한 형태의 기술들이 필요하다. 다음 180쪽에서 메타버스 구현을 위한 다양한 기술들과 그 발전 단계 현황을 확인할 수 있다. 이를 살펴보면서 메타버스로 인한 새로운 직업들을 생각해 보자.

다양한 기술의 발전 단계 현황

구분	메타버스의 기술 기반	걸음마 단계	초기 단계	성숙 단계
블록체인	해시 및 타임스탬프 기술			
	데이터 전송 및 교환 검증 메커니즘			
	컨센서스 메커니즘			
	분산 저장			
	스마트 계약			
	분산 원장			
상호작용기술	가상현실(VR) 기술			
	증강현실(AR) 기술			
	혼합현실(MR) 기술			
	홀로그래픽 디스플레이			
	센서 기술(체지각, 환경 등)			
사물 인터넷	센서			
	IoT 네트워크 통신 지원			
	IoT 관리 시스템			
네트워크 및 컴퓨팅 기술	5G/6G 네트워크			
	클라우드 컴퓨팅			
	에지 컴퓨팅			
AI 기술	컴퓨터 비전			
	머신러닝			
	자연어 처리			
	지능형 음성 비서			
컴퓨터 게임 기술	게임 엔진			
	3D 모델링			
	실시간 렌더링			

투자 단계

출처: Gartner, Metaverse Token, 딜로이트 리서치 & 분석

먼저 메타버스를 구현하는 핵심 기술을 살펴보자.

(1) 확장 현실

확장현실(XR)이란, 가상현실(VR)과 증강현실(AR), 혼합현실(MR)을 포괄하는 개념으로, 가상세계와 현실세계를 융합하여 사용자에게 실감나고 몰입도 높은 환경을 제공하는 기술이다. 현재 빅테크 기업들이 메타버스 구현을 목표로 개발 중인 기술은

가상의 콘텐츠를 현실 공간에 시각화하는 동시에 이렇게 구현된 가상과 현실 사이에 실시간 상호작용이 이루어지도록 하는 데 집중하고 있다.

(2) 디지털 트윈

디지털 트윈(Digital Twin)은 가상 공간에 물리적 현실을 반영한 디지털 세계를 만들고, 현실에서 발생하는 사건을 디지털 세계에서 시뮬레이션을 통해 검증해 보는 기술이다. 디지털 트윈 기술은 현실세계와 가상세계를 연결한다는 점에서 메타버스와 유사하다. 디지털 트윈 기술이 가상세계에 현실을 투영하고자 할 때, 더욱 현실적인 공간을 구현하기 위해 도시 전체를 스캔하거나 다양한 센서와 IoT 기술을 결합하기도 한다.

이 디지털 트윈 기술은 시뮬레이션을 통해 발생할 수 있는 문제점을 미리 파악하고 이를 해결하기 위해 활용된다.

(3) 블록체인

블록체인(Block Chain)은 '블록(Block)'을 잇따라 '연결(Chain)'한 모음을 말한다. 블록체인 기술이 쓰인 가장 유명한 사례는 가상화폐인 '비트코인(Bitcoin)'이다. 블록체인 기술의 블록(Block)에는 일정 시간 동안 확정된 거래 내역이 담기며, 온라인에서 거래한 내용이 담긴 블록이 형성되는 것이다.

이러한 블록체인은 메타버스 창작물에 대한 저작권 관리와 사용자 신원 확인, 프라이버시 데이터(Privacy Data) 보호가 가능하고, 콘텐츠 이용 내역 모니터링과 저작권료 정산 등을 지원할 수 있다.

(4) 인공지능

인공지능(AI: Artificial Intelligence)은 컴퓨터가 인간의 지능 활동을 모방할 수 있도록 하는 것이다. 즉 인간의 지능이 할 수 있는 사고와 학습, 추리, 논증 등을 컴퓨터가 담당할 수 있도록 하는 정보 기술 분야이다. 이미 정보 기술의 여러 분야에서 인공지능적 요소를 도입해 그 분야의 문제 해결에 활용하려는 시도가 활발히 이루어지고 있다.

메타버스에 활용되는 인공지능 기술은 메타버스 내 데이터와 사용자 경험을 학습시키고, 실시간 통·번역과 사용자 감성 인지 및 표현 등을 통해 현실과 가상세계 간 상호작용을 촉진시키는 중요한 매개체 역할을 하게 될 것이라고 본다. 또한, 인공지능은 인간이 창의적 충동을 키울 때 편안함을 느낄 수 있는 온라인 환경을 만드는 데 도움이 될 것이다. 우리는 메타버스 환경을 인공지능과 공유하는 데 익숙해질 것이고, 인공지능은 우리가 해야 할 일을 돕거나, 어쩌면 친구가 될 수도 있을 것이다. 이에 인공지능은 의심할 여지없이 메타버스의 핵심이 될 것이다.

(5) 클라우드

코로나 19가 확산되면서 디지털 전환 속도가 빨라지고, 앞서 말한 인공지능(AI)과 빅데이터 활용도 중요해졌다. 더불어 우리가 다루어야 하는 데이터의 양도 함께 늘어나고 있다. 이를 효율적으로 관리하고 활용하기 위해서는 클라우드 서비스가 필수적이다. 우리는 데이터를 인터넷과 연결된 중앙 컴퓨터에 저장해서 인터넷에 접속하기만 하면 언제 어디서든 필요한 데이터를 이용할 수 있는데, 이 저장 공간을 클라우드(Cloud)라고 한다. 이렇게 클라우드는 이용자 요구나 수요 변화에 따라 컴퓨팅 자원을 유연하게 배분하면서 엄청난 편리함을 제공하고 있는데, 메타버스를 구현하기 위해서는 이 클라우드 기술 또한 뒷받침되어야 한다.

02
메타버스 개발자가 되려면?

(1) 메타버스 개발자가 되려면

"메타버스 개발자가 되려면?"에 답하기 위해 가장 중요한 것 중 하나는 메타버스 개발자에게 필요한 기술들을 습득하는 것이다. 메타버스 개발자가 수행하는 작업은 주로 가상현실, 증강현실 및 혼합현실 기술을 중심으로 이루어진다. 동시에 프로그래밍 기술, 소프트 기술, 그래픽 및 애니메이션 구현 기술 등도 필요하다.

다음 메타버스를 중심으로 한 기술의 변화 흐름에서 알 수 있듯이 메타버스 개발자가 되기 위해 5G, 웨어러블, 비대면 형태, 가상세계, 클라우드 등과 관련된 최신 기술에 관심을 가지고 관련 내용을 공부하는 것이 유리하다.

그리고 메타버스에 대한 명확한 인상과 공간에 관련된 다양한 기술, 메타버스의 기본 개념을 이해해야 한다. 그러기 위해서는 스스로가 메타버스 개발자가 되고 싶은 이유에 대해 명확한 목표를 설정해야 한다.

목표를 세웠다면 프로그래밍, UX 디자인, 소프트웨어 응용 프로그램 개발 및 그래픽 렌더링과 같은 모든 기본 메타버스 개발자가 갖추어야 할 기술을 배우고, 메타버스 개발 기술 숙련을 위해 실용적인 리소스로 기술을 연마한다. 실제 데모는 메타버스 및 개발 모범 사례에 대한 지식을 풍부하게 하는 데 중요한 도구가 될 수 있다.

그리고 메타버스 애호가 및 전문가가 있는 온라인 커뮤니티에 참여하여 다양한

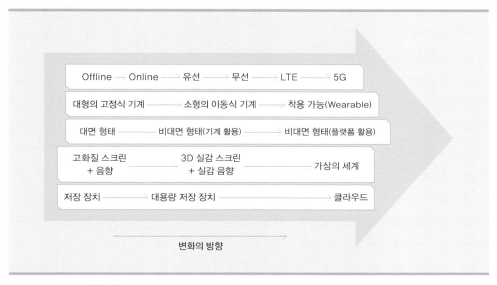

메타버스를 중심으로 한 기술의 변화 흐름
출처: 이덕우, 「메타버스 기술 및 산업 동향」, 주간기술동향, 2022.04.06.(IT donga, "SKT가 메타버스 스타트업들과 함께 만드는 5G 생태계". 2021.11., The Science Times, "과학 핫 이슈, 메타버스, 노는 공간 넘어 미래 제시해야". 2021.08.)

정보를 공유하면서 전문적 역량을 더욱 강화할 수 있고, 이러한 커뮤니티 활동을 통해 실용적인 통찰력을 얻을 수 있다.

마지막으로 메타버스 개발자로서의 신뢰성을 보여줄 수 있는 전문 포트폴리오를 구축하는 데 충분한 시간과 노력을 투자해야 한다.

(2) 메타버스 개발자 급여

메타버스 개발자가 되기 위해 필요한 기술의 규모와 범위는 해당 직업인의 길이 쉽진 않음을 분명히 보여준다. 또한 메타버스 개발자가 되기 위해 배워야 할 지식과 습득해야 할 기술이 매우 많은 동시에 메타버스 개발자가 매우 부족하기 때문에 급여가 높은 편이다. 메타버스 개발자의 평균 연봉 추정치는 Meta 개발자의 연봉을 보면 알 수 있다. 현재 Meta(舊 페이스북)에서 개발자의 연봉은 거의 $97,363(한화 약 1억 3천만 원, 2022년 기준) 수준이며, 다음의 메타버스 시장 규모 예측을 보면 메타버스 개발자의 연봉은 지속적으로 오를 것이라 예상된다.

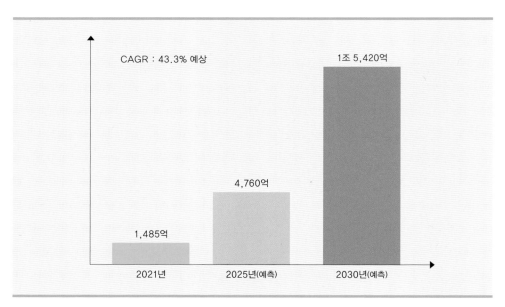

메타버스 시장 규모 예측(단위: 달러)

출처: "Are you over meme stocks? How about a few metaverse plays?," 코리아 중앙 데일리, 2021.07.01.

03
메타버스가 만든 새로운 직업

(1) 메타버스 플랫폼 개발자

메타버스 플랫폼 개발자는 기존 컴퓨터 프로그래밍 개발자와 비슷한 일을 한다. 새로운 산업 환경에서 프로그램을 만들기 때문에 무엇보다 새로운 것에 관심이 많고 IT 트렌드에 밝아야 한다. 또한 개발자는 혼자보다는 함께 일하는 경우가 많으므로 소통과 협업 능력 또한 중요하다고 볼 수 있다. 따라서 새로운 도전 정신을 바탕으로 원활한 소통 능력과 협업 능력은 메타버스 플랫폼 개발자에게 매우 중요한 자질이라고 할 수 있다.

관련 학과 및 자격증

반드시 컴퓨터 관련 학과에서 전공해야 하는 것은 아니지만, 플랫폼이나 관련 프로그램을 구현하기 위해서는 이를 구성하는 컴퓨터 프로그래밍 언어와 알고리즘에 대한 기본적인 지식은 필수이다. 메타버스 가상공간을 3D로 구현할 경우 유니티(Unity), 언리얼 엔진(Unreal Engine)과 같은 엔진 프로그램을 사용할 수 있어야 한다. 대학에서는 컴퓨터과학과, 컴퓨터공학과, 소프트웨어과, IT공학과, 게임공학과, 정보통신학과 등에서 관련 지식을 배울 수 있다.

(2) 메타버스 크리에이터

동영상 플랫폼인 유튜브를 통해 누구나 콘텐츠를 만드는 크리에이터가 메타버스에서도 가능하다. 메타버스 속 크리에이터는 그 종류가 다양하다. 가상세계 이용자들의 분신인 아바타를 꾸미는 의상이나 헤어, 메이크업 등을 디자인하는 아바타 디자이너, 아바타를 이용해 웹툰, 웹소설, 웹드라마 등을 만드는 문화 콘텐츠 크리에이터, 가상의 공간을 설계하는 월드 빌더 등이 대표적이다. 메타버스 크리에이터는 가상세계에서 콘텐츠를 자유롭게 창작하고 수익을 낼 수 있어 앞으로 무궁무진한 발전이 기대되는 직업이라고 볼 수 있다.

그렇다면 메타버스 크리에이터가 되기 위해 필요한 자질은 무엇일까? 모든 콘텐츠가 가상현실을 기반으로 만들어지기 때문에 메타버스에 대한 개념, 플랫폼에 대한 이해도와 관심이 무엇보다 중요하다. 대부분의 메타버스 콘텐츠가 가상공간이나 아바타를 구현해야 하는 만큼 3D 그래픽 디자인이나 애니메이션에 대한 이해는 반드시 필요하다. 3D 툴을 다룬 경험이 있다면 업무를 수행하는 데 도움이 될 수 있다.

관련 학과 및 자격증

메타버스 공간을 구축하는 데 사용하는 소프트웨어 3DS Max, Maya를 비롯해 게임 개발 도구인 유니티 엔진을 다룰 수 있어야 한다. 대학의 그래픽디자인학과, 시각디자인학과, 웹그래픽디자인학과, 컴퓨터디자인학과, 산업디자인과 등에서 컴퓨터나 그래픽 소프트웨어에 대해 배울 수 있다.

(3) 메타버스 UX/UI 디자이너

스마트폰을 활용한 앱을 사용하는 비율이 늘어나면서 주목받는 직업이 UX/UI 디자이너이다. UX(User Experience) 디자인은 사용자의 경험을, UI(User Interface) 디자인은 사용자가 마주하는 디자인, 브랜드, 레이아웃 등을 설계하는 직업이다. 메타버스 UX/UI 디자이너는 가상세계에서 이용자들에게 새로운 경험을 제공한다는 측면에서 매우 중요하다. 기존 인터넷 서비스와 달리 3D 환경에서 구현하는 공감각적 경험과 가상현실(VR), 증강현실(AR), MR(거울세계) 기술을 활용한 인터렉션 경험(IxD)까지도 고려하는 디자인 능력이 필요하다.

그렇다면, 메타버스 UX/UI 디자이너가 되기 위해 필요한 자질은 어떻게 될까? 사용자의 니즈(needs)와 목표를 고려해 창의적인 해결 방법을 제시하는 것이 UX/UI 디자이너의 기본 업무라고 볼 수 있다. 따라서 디자인에 대한 소양 뿐 아니라 문제를 디자인적 방법으로 접근하는 능력이 필요하다. 그리고 사용자에게 공감하고 문제를 세밀하게 분석하고 해결 방법을 모색하는 것을 좋아해야 한다. 메타버스 UX/UI는 기존에 없던 가상 세계에서의 사용자 경험을 디자인한다는 측면에서 도전 의식이 필요하고, 새로운 트렌드를 끊임없이 배우는 열정도 필요하다.

관련 학과 및 자격증

UX/UI 디자이너와 직접적으로 연관된 대학의 학과는 없지만, 시각디자인학과나 산업디자인학과에서 기본적인 디자인 지식을 배울 수 있다. 또는 멀티미디어학과, 웹그래픽디자인학과, 컴퓨터그래픽학과, 미디어학과 등에서 웹디자인에 대한 소양을 익힐 수도 있다. 관련 자격증으로는 한국디자인진흥원에서 시행하는 '서비스·경험디자인 기사' 시험을 통해 국가공인자격증을 취득할 수 있다.

(4) 메타버스 보안 전문가

가상현실이 점차 보편화됨에 따라 보안에 대한 문제 또한 중요해지고 있다. 메타버스 역시 기존 IT 공유 서비스 플랫폼이 가지고 있는 데이터 보호 문제와 고객 프라이버시 노출 부분에서 자유롭지 못하다. 메타버스에서는 블록체인을 통해 경제 시스템을 구현하는데, 가상세계에서 아바타들의 경제 활동이나 정보 교환은 현실 세계와 이어지기 때문에 해킹 범죄에 노출될 수 있고, 가상세계에서 활동하는 개인의 정보가 실시간으로 수집되어 심각한 프라이버시 침해로 이루어질 수 있다. 따라서 메타버스 상에서의 보안이 매우 중요하며, 메타버스 전문 보안가는 메타버스의 특징을 고려해 사이버 보안을 수행하는 업무를 담당하게 된다.

그렇다면, 메타버스 보안 전문가가 되기 위해 필요한 자질은 무엇일까?

사이버상에서 활동하는 보안 전문가는 가상세계에서 안전을 지키는 경찰과도 같은 역할을 한다. 따라서 컴퓨터 관련 지식만큼이나 사명감과 윤리의식이 필요한 직업이다. 메타버스 기술이 점차 발전하는 동시에 사이버 범죄나 보안 범죄도 함께 진화하기 때문에 신 기술과 위협을 빠르게 파악하는 능력도 필요하다.

관련 학과 및 자격증

메타버스 보안 전문가의 주요 업무는 해커들의 공격을 차단하고 막아내는 것이다. 따라서 기본적으로 네트워크나 시스템 등 전반적인 IT 분야의 기초적인 지식이 필요하다. 전반적인 IT 관련 지식과 기술을 배울 수 있는 대표적인 학과는 컴퓨터공학과가 있으며, 그 외에도 소프트웨어학과나 정보통신공학과가 있다. 관련 자격증으로는 우리나라 한국인터넷진흥원에서 시행하는 '정보보안기사'가 있고, 국제공인자격증 'CISSP(Certified Information System Security Professional)'도 있다.

(5) 이외 메타버스 자격증 및 직업 정보

한국직업능력연구원이 운영하는 민간자격정보서비스(PQI)에 따르면, 검색 가능한

[1/10 pages] 총 93건이 검색되었습니다.

등록번호 ▼	구분	자격명	자격관리기관 [공동발급기관]	유형	지역	응시자수 [전년도]	취득자수 [전년도]
2022-003441	등록	메타버스교육지도사 Q	한국미래융합교육	개인	경기	0	0
2022-003367	등록	메타버스공간인테리어전문가 Q	송곡대학교 🏠	법인	강원	0	0
2022-003366	등록	메타버스공간디자이너 Q	송곡대학교 🏠	법인	강원	0	0
2022-003365	등록	메타버스건축디자인전문가 Q	송곡대학교 🏠	법인	강원	0	0
2022-003145	등록	메타버스전문가 Q	미래비전여가교육협회	단체	경기	0	0
2022-003138	등록	메타버스기획전문가 Q	(주)한국교육검정원 🏠	법인	서울	0	0
2022-003133	등록	메타버스전문가 Q	한국미디어창업연구소 🏠	개인	서울	0	0
2022-003132	등록	메타버스NFT크리에이터 Q	한국메타버스NFT산업협회 🏠	단체	대구	0	0
2022-003130	등록	메타버스지도사 Q	한국JJ인재개발진흥원 🏠	단체	경북	0	0
2022-003125	등록	메타버스교육전문지도사 Q	주식회사 북포유 🏠	법인	강원	0	0

관련 자격증은 민간자격정보서비스(www.pqi.or.kr)에서 확인 가능

메타버스 관련 자격증으로 메타버스 전문가, 메타버스 활용 지도사, 메타버스&NFT 큐레이터, 메타버스 기획 전문가 등 총 93건(2022년 8월 기준)이 있다.

이와 같이 민간자격증은 넘쳐나고 있으나 국가공인자격증은 하나도 없는 실정이다. 2021년 정부에서 '미래 유망 신직업 발굴 및 활성화 방안'을 논의하면서 메타버스 크리에이터, 콘텐츠 가치 평가사 등 총 18개의 신직업을 발굴해 국가자격을 도입해야 한다고 밝힌 바 있다.

이외 다음과 같은 메타버스 관련 직업도 있다.

메타버스 관련 직업

구분	내용
메타버스 건축가	가상세계에서 공간을 설계하는 일을 한다. 컴퓨터 디자인그래픽을 다룰 줄 아는 모두가 이 작업을 할 수 있는 것은 아니다. 단순히 블록을 쌓아 공간을 만드는 것이 아니라 '가상세계 안 사용자 경험'을 함께 설계해야 하기 때문이다. 예를 들어 자동차회사가 메타버스 안에 전시관을 세우거나, 자동차를 마음껏 튜닝해 볼 수 있는 공간을 구성하려고 할 수 있다. 이때 기업이 의도한 것을 충분히 구현해 낼 수 있는 디지털 설계 감각이 필요한 직업이다.
아바타 디자이너	아바타를 예쁘게 만드는 데 그치지 않고 기업 비전과 문화를 상징하는 아바타를 구현하기 위해서는 인문학적 소양도 필요하다. 아바타가 고객 아바타를 만났을 때 접대하는 방법도 프로그래밍해야 한다.
XR 콘텐츠 기획자	메타버스 기반의 모든 VR, AR, MR 플랫폼과 콘텐츠 기획을 총괄하는 사람이다. 콘텐츠에 대한 아이디어를 발굴하고 스토리 및 기능 구현을 위한 프로세스를 정립한다. XR 콘텐츠 UI/UX 설계와 상세 스토리보드 구성 전반의 기획을 하고 XR 콘텐츠 상용화를 수행하는 사람을 일컫는다.
융합복합콘텐츠 창작자	AI와 VR·AR 등 첨단 기술을 연계한 실감 융복합 콘텐츠를 기획하고 제작한다.
공연미디어 전문가	홀로그램 등 인터랙티브미디어 기술을 기반으로 공연 내용에 따라 배우 또는 관객의 행동에 반응하는 콘텐츠를 개발한다. 프로젝션매핑전문가, 홀로그램기획자, 전시테크니션 등의 직업 활성화를 기대할 수 있다.
메타버스 데이터 마케터	메타버스 데이터 마케터는 가상현실에서 다양한 경험을 시도해볼 수 있는 메타버스 플랫폼을 활용한 직업이다. 메타버스 플랫폼에서 도출한 데이터 분석을 통해 마케팅과 광고전략 수립을 제안하는 일을 한다. 독창성이 높이 평가되기에 메타버스관련 중요한 직업군이라고 볼 수 있다.

아직까지 서비스 초기 단계라고 하지만 그렇기 때문에 메타버스 산업과 관련한 개발자, 기획자, 콘텐츠 크리에이터 등 다양한 직군에 대한 인력 수요가 높다고 할 수 있다. 미래 경제의 성장 동력으로 주목받고 있는 메타버스에 관심을 가지고 블루오션인 진로와 직업에 문을 두드려 보길 바란다.

CHAPTER 6

A School: Nowhere, but Now Here

학교: 어디에도 없고, 어딜 가나 있는

메타버스 융합 학교 가상 시나리오

01
학교: 어디에도 없고, 어딜 가나 있는
(메타버스 융합 학교 가상 시나리오)

2030년 4월 어느날 오전 7시 30분.

"굿모닝! 빠빠빠빠빠, 빠빠빠빠, 굿모닝!"

휴대전화의 알람 소리에 현성이는 잠에서 깼다. 하지만 이내 다시 뽀송한 베개에 얼굴을 파묻고는 한동안 움직이지 않는다. 비몽사몽함을 만끽하면서.

"딩딩디리링, 딩딩디리링"

아무럼 이렇게 가만히 있게 둘 리가 없지. 8시간 전 현성이가 아침 7시 30분부터 5분 간격으로 연달아 맞추어 놓은 휴대전화 알람의 멜로디가 베개 속 얼굴을 묻고 있는 현성이의 귓속으로 들어찬다.

꿈지락 꿈지락.

오늘은 유달리 이불도 부드럽고 포근한 것 같다. 익숙한 감촉이 아니다. 좀 전보다는 확실하게 잠에서 깬 현성이는 침대에서 몸을 일으켜 세운 후 방 안의 풍경을 둘러 본다. 익숙하게 어질러져 있는 자기 방과는 달리 모든 것이 차분하게 정돈되어 있다. 접이식 디스플레이는 탁자 위에 잘 보이게 놓여져 9월의 달력을 비추고 있었고, 디스플레이 옆에는 '메타스쿨 포천(METASKOOL Pocheon)'이라고 새겨진 머그컵이 놓여 있다.

'아, 맞다. 우리집이 아니었지.'

현성이는 어젯밤 10시에 포천에 도착했다. 서울에서 프로그램을 마치고 출발했는

데 예상 시간보다 늦게 도착했다. 체크인 후 짐을 풀고 지연 도착자를 위해 준비된 도시락으로 늦은 끼니를 해결하자마자 기절하듯 잠에 곯아떨어진 것이다. 갑자기 휴대전화에서 알림음이 울린다. 메타스크(METASK) 앱이 오늘의 일정을 알리는 메시지를 보내왔다. 메시지를 클릭하니 담백한 로고와 함께 앱이 켜졌다. 프로필을 눌러본다.

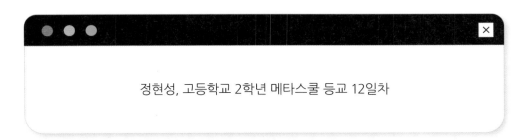

정현성, 고등학교 2학년 메타스쿨 등교 12일차

'벌써 3번째 지역이구나.'

현성이는 현재 포항의 ○○고등학교에 다니고 있다. 고등학교 입학 후 설레는 마음으로 2학년이 되기만을 기다렸다. ○○고등학교 학생들은 2학년이 되면 1년에서 1년 반 정도 전국을 일주하며 '메타스쿨 프로젝트' 프로그램에 참여할 수 있다. 메타스쿨 프로그램은 지역의 배움거점에서 일주일씩 묵으면서 그 지역과 관련된 다양한 프로젝트를 계획하고 실천할 수 있는 프로그램이다. 현성이는 제 1 여정으로 인천을, 제 2 여정으로 서울에 방문했고, 경기도 포천은 세 번째 코스였다.

여러 지역을 오고가는 여정에 익숙해진 자신의 모습이 자랑스럽고 놀랍다. 현성이는 어깨를 으쓱한다. 현성이는 밥을 먹으러 식당으로 향하면서도 휴대전화를 손에서 놓지 못한 채 집중하고 있다. '배움의 여정(Learning Journey)' 메뉴를 누르자, 현성이가 다녀온 지역, 활동 내역들이 표기된 화면에 지도가 뜬다. 현성이의 프로필 아이콘은 포천의 산정호수를 가리키고 있다. 프로필 아이콘을 클릭하자 현성이가 참여하고 있는 프로젝트의 현황이 떴다.

- 새로 추가된 로컬 프로젝트 1건(포천)
- 진행 중인 지역 연계 프로젝트 1건(경기-경남)
- 완료한 프로젝트 2건

식당에서 아침 식사 반찬으로 나온 계란말이를 오물오물거리면서 다시 지도로 빠져나와 우리나라 모습이 다 보이도록 배율을 줄이니, 현성이의 반 친구들의 프로필이 전국에 분포되어 있다. 옆자리 친구인 서현이는 동해에, 학급 회장인 지성이는 남해에 표시되고 있다. 피로가 아직 덜 풀렸는지 입맛이 없다. 방으로 돌아와서 서현이의 아이콘을 클릭하니 메시지 창이 뜬다.

서현 뭐함?

어제 같은 팀 애들이랑 프로젝트 계획 세우고 늦게 자서 지금 겨우 일어남 ㅎ

거긴 무슨 프로젝트임?

마스크 분리 수거 활성화 프로젝트

아하

난 어제 저녁에 포천에 도착했는데 ㅋㅋㅋ

아, 진짜? ㅋㅋ 거긴 몇 명 모임?

20명 정도? 아마 다섯 팀 정도로 쪼개져서 움직일듯 ㅇㅇ

야, 잠만

아침 조회 알림 떴다. 얼른 들어오셈

ㅇㅇ

현성이는 어제 풀다 만 짐이 담긴 캐리어를 뒤져 작은 케이스를 집어들었다. 'METASKEYES'라는 로고가 새겨져 있는 케이스의 덮개를 열자 검은 테의 안경과 무선 이어폰이 들어 있다. 안경을 쓰고 무선 이어폰을 양쪽 귀에 꽂자, 현성이의 눈앞에 세련된 카페 공간이 펼쳐진다. 시야의 오른쪽 위에 작은 메시지가 떴다.

메타스카이즈 충전 87%

2학년 5반 클래스룸, 15명/23명 입장

곧 현성이의 주변에 캐릭터들이 몰려 든다. 왁자지껄하게 떠드는 소리. 전국 각지에 흩어져 있는 친구들이 가상공간에서 자기 경험을 무용담 늘어 놓듯이 이야기하고 있다. 휴대전화가 연동되었다는 메시지와 함께 현성이도 휴대전화 화면을 조작해 자기 아바타를 움직여 빈 자리로 간다. 이내 선생님도 들어오셨다.

"간밤에 잘 쉬었니?"

"네."

"어제 진행했던 프로젝트 과정에서 인상 깊었던 부분 나눠볼 사람?"

"저요!"

서현이다. 서현이는 잠시만 기다려 달라고 하더니 부시럭거리는 소리를 낸다. 그러다 잠시 후, 교실 모습이 바닷가의 모습으로 바뀐다. 광활한 바다의 모습과 철썩거리는 파도 소리가 현장감을 준다.

"새들이 버려진 마스크 줄에 걸려서 빠져나오지 못하고 죽는 일이 엄청 많대요. 그래서 현장 담당 선생님이랑 바다에 갔었어요."

서현이가 움직인 대로 풍경을 둘러보며 선생님과 친구들은 이야기를 이어간다.

"그래서 팀원들이랑 마스크 분리 수거 활성화 관련 문제는 해결했어?"

"아직은 못했어요. 마스크 끈의 소재를 물에 잘 녹는 것으로 바꾸거나, 탈부착식 끈으로 개발하는 아이디어를 주고 받는 중이에요."

"와, 서현이 좀 봐!"

서현이가 갈매기 떼에 쫓겨 비명을 지르며 도망가는 모습도 그대로 잡혀 친구들이 자지러지 듯 웃는다.

이야기를 나눈 후, 선생님은 안내 사항을 전달한다.

"여러분들이 맡은 프로젝트를 진행하는 데에 필요한 교과 수업 자료들이 앱으로 도착했을 거에요. 자료에는 해당 주제에 대해서 배울 수 있는 온라인, 오프라인 강좌 정보나 해당 분야 전문가의 연락처 등이 담겨 있으니까 오늘 예정된 활동이 종료되고 숙소에 복귀하면 참고하면서 자기주도 학습 계획을 세워보세요."

"선생님!"

"그래, 지성아."

"오늘 종례 있어요?"

"그건 갑자기 왜?"

"선생님께서 지난 종례 시간에 3일 연속으로 종례에 모두 참석하거나 일과 기록 보고서를 빠짐없이 제출했을 경우 종례를 하루 쉰다고 하셨잖아요."

"확실히, 그랬구나. 그런데 의엽이가 어제 배터리가 떨어져서 활동 기록 보고를 못 했는 걸? 의엽아. 어떻게 생각하니?"

"죄송해요, 선생님. 그렇지 않아도 어제 아침에 충전해 두는 걸 깜빡하고 활동을 나갔다가 금세 휴대전화랑 안경이 꺼졌어요."

"그래도 1시간 안에 내긴 했더구나."

"네, 안전지도 해주시는 서포터 선생님께서 충전 상태를 확인하시고 바로 보조 배터리를 빌려 주셨어요. 활동에 너무 집중하느라 꺼져 있는 줄도 몰랐어요."

"흠, 그래도 열심히 하다가 놓쳤다는 거구나. 좋아. 한 번 넘어가 줄게. 그래도 선생님이 서포터 선생님과 연락해 볼 거야. 알았지?"

"물론이죠! 서포터 선생님께서 사진도 기록도 남겨 두셨을 거예요."

"좋아. 그럼, 오늘은 선생님한테 보고서 자동 전송 예약해 두고 종례는 따로 없는 걸로 하자!"

"좋아요!"

"그래. 그 밖에 궁금한 점이나 어려운 점이 있으면 언제든 여기 메타스카이 클래스룸으로 찾아오세요. 질문 없지? 아침 조회 끝!"

"감사합니다!"

정신없이 아침 조회가 끝났다. 현성이는 바로 이어 휴대전화로 활동 안내 알림 메시지를 받는다. 오늘은 이 근처의 작은 도서관에서 '포천의 생태' 관련 전문가 선생님의 강의를 신청해 두었다. 강의까지 1시간 정도 남았는데, 이 동네는 버스가 자주 다니지 않는다는 인터넷 글을 보니 남은 시간이 생각보다 여유롭지는 않은 것 같다. 앱을 눌러 오늘 챙겨야 할 준비물 체크리스트를 확인한다.

기본 등교 준비물

☐ 메타스카이: 충전 98%(작동 상태 양호)

☐ 휴대전화: 충전 85%(작동 상태 양호)

☐ 보조 배터리: 충전 100%(작동 상태 양호)

☐ 랩탑 컴퓨터: 충전 99%(작동 상태 확인 필요, 고장 확인 시 프런트 데스크에서 교환 가능)

☐ 태양광 백팩: 충전 93%(작동 상태 양호)

- [ ] (추가됨!) 교재 『포천의 생태』(프런트 데스크에서 실물 또는 E-Book 수령)

- [ ] (추가됨!) '포천의 생태' 현장 강의 입장권(다운로드됨)

- [ ] (추가됨!) 공책

- [ ] (추가됨!) 필기도구

야외 활동용 준비물

- [ ] (필수) 구급함(프런트 데스크 지급)

- [ ] (권장) 선크림(프런트 데스크 대여 또는 개인 물품 활용)

- [ ] (권장) 비상용 교통 카드(프런트 데스크 대여 또는 개인 물품 활용)

어제부터 노트북(랩탑 컴퓨터)이 좀 버벅이고 말썽이더니. 프런트에서 임시 활동용으로 대여해야겠다는 생각이 든다. 어차피 모든 자료는 온라인에 있기 때문에 다른 기기를 사용해도 큰 문제는 없을 거라고 생각하며 체크리스트에 제시된 준비물을 확인한다. 백팩은 어제 무선 충전 패드 위에 올려두었더니 충전이 잘 되어 있다. 공책과 필기도구는 요새 쓰질 않아서 캐리어에 처박아 두었었다는 사실을 기억해 낸 현성은 지퍼를 열어 작은 노트와 플러스펜을 집어들었다. 노트를 펼쳐 보니 인천 여정에서 아이디어를 휘갈긴 흔적이 남아 있다.

'이거 그냥 이렇게 두면 잊어버릴 것 같은데…….'

하는 생각이 들자마자 현성이는 안경(메타스카이)을 쓰고 노트를 쳐다보았다. 곧 안경이 노트의 필기 내용을 인식해 필기한 그대로의 이미지와 추출한 텍스트를 함께 온라인으로 업로드했다. 그리고는 다음 빈 페이지를 펼쳐 오른쪽 위 귀퉁이에 오늘 날짜를 적는다. 글을 쓰자마자 안경이 실시간으로 날짜를 인식하고는 새로운 폴더를 만들고 기록을 위한 준비를 마친다.

프런트에 도착하니 현성이가 쓰고 있는 안경이 곱슬머리를 한 여자분을 목표 지점으로 표시해 준다. 가까이 가보니 선생님 목에 '서포터'라는 명찰 목걸이가 걸려 있다. 아마도 이 지역 담당 선생님이신 것 같다. 현성이가 가까이 다가가자, 이내 그 선생님도 안경을 쓰고는 현성이를 알아본다.

"정현성 학생, 맞나요?"

"네."

"일단 구급함부터 받아 주세요."

현성은 작은 빨간색 파우치를 건네받아 백팩에 넣는다.

"그리고 노트북! 교환해야 하죠?"

"네, 맞아요. 상태가 괜찮으면 그대로 쓰고 싶기는 한데, 오늘 당장은 못 쓸 것 같아서요."

"좋아요. 일단 오늘은 이것으로 대신 사용해요. 수리가 가능한지 확인해서 메시지로 보내 놓을게요."

"알겠습니다. 혹시 수리가 늦어지면 다음 여정 숙소에서 받을 수 있죠?"

"그럼요, 가능하죠. 참, 책은 직접 가져갈 건가요? 아니면 이북(E-Book)으로 가져갈 건가요?"

"눈이 아플 것 같아서, 실제 책으로 부탁드립니다."

"책에다가 펜으로 잘 적고 안경으로 인식하면 현성 학생 온라인 포트폴리오에 다 기록되니까 잘 정리해 두세요."

"네, 알고 있어요."

"선크림이랑 교통카드는?"

"제 것이 있어서, 그걸로 쓸게요."

"좋아요. 어디 보자, 이동면 작은 도서관에서 강의를 듣게 되어 있네요."

"네!"

서포터 선생님이 스캐너로 현성의 몸을 훑는다.

"됐어요. 정현성 학생, 출석 확인은 됐고, 출석 정보도 보호자와 담임 선생님께 전송 완료됐습니다. 입장권도 활성화됐어요."

"감사합니다."

"함께할 프로젝트 멤버들이 입구 앞 버스 안에서 기다리고 있어요. 파란색 버스에요. 아, 그리고 저녁 식사는 8시까지만 운영하니까 어제처럼 늦으면 안됩니다."

"네!"

"조심히 다녀와요."

같은 날, 같은 시간, 포항 ○○고등학교 2학년 5반 교실.

2학년 5반 담임 선생님인 조웅섭 선생님이 교실에 혼자 남아 노트북 모니터를 보고 있다. 교실 문이 열린다. 옆 반 담임 선생님인 최주은 선생님이다.

"웅섭 쌤! 아침 조회 끝났어요?"

"네, 방금 전에요. 지금 아이들 활동 현황을 좀 보고 있어요."

조웅섭 선생님의 노트북 화면과 연결된 프로젝터 스크린에 대한민국 지도가 펼쳐져 있다. 현성이가 보던 지도와 같은 인터페이스다. 현성이의 위치 아이콘에 푸른 테두리가 새겨지면서 "출석 확인"이라는 문구가 달린다. 현성이 말고도 여러 아이들의 아이콘에 푸른 테두리가 새겨져 있다. 그런데 호승이의 아이콘에만 테두리가 없다.

"호승이는 아직도 안 일어났나 봐요."

"그러니까요. 그러지 않아도 지역 담당 선생님한테 확인해 달라고 연락해 두었어요."

"숙소에 있는 건 맞죠?"

"네, 어제 출석 확인 정보는 들어왔더라구요."

"주은 쌤네 반은 별 일 없어요?"

"네, 선생님. 그…선정이 아시죠?"

"아, 박선정 학생이요?"

"네, 선정이가 이번 제3 여정에서 시 쓰기 프로젝트를 하고 있거든요. 파주에 출판도시에서 '저자와의 만남' 특강에 참여하고 뭔가 영감을 받았나 봐요. 선정이가 쓴 시들을 저자가 피드백한 후 전송받았는데 정말 대단해요. 선정이가 쓴 글 한번 보실래요?"

최 선생님이 자신의 태블릿으로 박선정 학생의 프로필을 펼쳤다. 여정별로 선정 학생이 진행했던 프로젝트들이 날짜와 주제별로 일목요연하게 정리되어 있다. '제 3

여정: 시 창작 프로젝트' 탭을 누르자, 박선정 학생이 참여했던 특강 모습, 특강에서 진행한 학습 활동지의 캡쳐 사진, 선정이가 직접 작성한 메모들과 시상을 스케치한 그림의 스캔 이미지들이 날짜별로 갤러리에 등록되어 있다. 그 옆에는 활동별로 강사와 선생님들이 남긴 피드백들이 댓글로 달려 있다. 음성으로 남긴 피드백은 글로도 인식되어 스크립트로 함께 첨부되어 있었다.

"제가 국어과는 아니지만 뭔가 시상이 엄청났나 본데요. 되게 잘 썼다."

"그렇죠? 그러지 않아도 해당 활동 기록이 국어 선생님하고 미술 선생님한테도 전송됐어요. 다들 위대한 시인 탄생이라면서 과목별 세부 능력 특기 사항으로 작성해야겠다고 난리에요."

그러자 느닷없이 조웅섭 선생님의 화면에 알림이 떴다. 호승이가 방문한 지역의 담당 선생님이다. 호승이가 몸살 기운이 있는 것 같다며 메시지를 보내온 것을 확인한 웅섭 선생님은 담당 선생님과의 통화를 시작했다.

"네, 선생님! 호승이 담임 교사 조웅섭입니다."

"안녕하세요? 조웅섭 선생님. 박호승 학생을 담당하고 있는 이윤명 교사입니다. 아이 상태를 직접 보셔야 병결 처리가 될 것 같아서요."

"맞습니다. 시야 공유 좀 해 주시겠어요?"

"네, 잠시만요!"

통화 화면에서 '시야 공유 중'이라는 문구와 함께 빨간색 원 아이콘이 번쩍인다. 잠시 후 이윤명 선생님의 시야가 그대로 조웅섭 선생님의 화면에 공유되었다. 조웅섭 선생님도 이내 안경(메타스카이)을 쓰자 이윤명 선생님이 보고 있는 그대로의 시야를 볼 수 있게 되었다. 눈 앞에 호승이가 힘없이 앉아 있다. 호승이 얼굴이 열로 인해 붉다.

"호승아. 쌤이야."

"네, 쌤……."

"몸은 좀 괜찮아?"

"오늘 열이 너무 많이 나서 못 일어나겠더라고요."

"약은 먹었어?"

"담당 선생님이랑 여기 보건 선생님이 챙겨주셔서 일단 먹었어요."

"그랬구나, 선생님이 보시기에 아이는 좀 어때요?"

"네, 웅섭 쌤. 일단 보건 선생님이 누워서 쉬면 좀 괜찮아질 거라고 하시더라구요. 보호자님께는 제가 메시지 보냈어요."

"아이고, 제가 해도 되는데. 감사합니다."

"아버님과 조금 후에 통화하기로 했어요."

"네, 저도 한번 연락드려 볼게요. 호승아. 오늘은 일단 아무 생각 하지 말고 푹 쉬자."

"네. 오늘 요리 수업이 있어서 너무 가보고 싶었는데, 아쉽네요."

"그러게 말이야. 같이 간 팀 멤버들한테 실시간 화면 공유라도 해달라고 하면 어때?"

"아직 안 친해서……."

"이참에 친해지면 되지. 일단은 오전에는 쉬고, 몸이 좀 괜찮아졌다 싶으면 채팅으로 연락 한번 부탁해봐."

"알겠어요."

"그래, 어디 나가지 말고 푹 쉬어. 알겠지?"

"네."

화상 통화를 종료하고 웅섭 선생님은 호승이의 프로필로 들어가 오늘 일자의 출결 현황을 병결로 체크한다. 첨부 파일란에 '최근 문서함'에 기록된 화상 통화 영상을 넣고 저장을 누르자, 오늘 호승이가 참여하기로 한 클래스의 담당 강사와 선생님, 지역 담당 선생님, 그리고 보호자에게 알림이 일괄 전송되었다. 옆에서 지켜보던 최주은 선생님이 말을 붙인다.

"어머나, 호승이 요리 진짜 좋아하잖아요."

"그러게 말이에요. 아쉽겠어요. 다음 클래스를 이어듣게 하거나 다른 지역에서도 비슷한 프로젝트가 있는지 알아보고 연결해봐야죠."

"웅섭 쌤도 고생이 많으시네요."

"흐흐, 이런 일 하는 게 담임인데요."

호승에 대한 출결 처리를 마무리한 조웅섭 선생님은 학생 명단 화면으로 빠져나와 서현이의 프로필을 누른다. 박선정 학생의 프로필이 그랬듯 서현이의 프로젝트 참여 현황이 목록화되어 있는데, 메뉴를 옆으로 넘기자 '영역별 성취 기준 달성 현황'이라는 탭이 있다. 해당 탭을 누르자 사진 아래로 다양한 영역과 역량에 대한 그래프가 첨부된 리포트 화면이 나왔다.

자연탐구 역량, 사회탐구 역량, 정신탐구 역량, 신체탐구 역량, 기초생존 역량, 공동체 역량, 표현 역량 등. 하나의 영역을 탭하니 그 영역의 그래프 수치가 어떤 프로젝트나 활동을 통해 기록된 것인지가 상세하게 적혀 있다.

"서현이는 사회탐구 역량과 자연탐구 역량이 확실히 두드러지는구나. 신체탐구 역량은 좀 더 개발할 필요가 있겠어."

웅섭은 나지막이 중얼거리며 신체탐구 역량을 나타내는 그래프를 탭했다. 확실히 서현이는 신체적인 활동에 흥미가 낮은 편이라 이와 관련해 수행한 과제도 상대적으로 적어서 역량 습득이 취약하다. 잠시 고민하던 웅섭은 그래프 옆의 '개인 특성 분석 및 교육과정 보완' 메뉴를 눌렀다. 서현이가 중·고등학교를 거치며 받았던 다양한 특성 검사 결과가 한번에 정리되어 있다.

임서현(학생)의 흥미검사 결과 누가기록 열람하기 ➡

임서현(학생)의 다중지능검사 결과 누가기록 열람하기 ➡

임서현(학생)의 직업적성검사 결과 누가기록 열람하기 ➡

임서현(학생)의 내적 특성 검사 결과 총 분석기록 열람하기 ➡

평가 및 분석 결과에 따른 교육과정 재구성 추천 목록보기 ➡

⬅ 임서현(학생)의 역량 분석 리포트로 돌아가기

웅섭은 '평가 및 분석 결과에 따른 교육과정 재구성 추천 목록보기'를 이어 탭하여 메뉴로 들어갔다. 서현이가 더욱 강화하거나 보완하면 좋을 역량에 따라 다양한 지역 프로젝트와 수업 목록이 나타났다. 몇 가지 프로그램이 눈에 띈다.

(신규 추천됨!) [대면] 제품 생산 공정 탐방[연계: 사회탐구]

[대면] 나의 운동, 나의 근육[보완: 신체탐구]

'나의 운동, 나의 근육'은 리스트에 추가된 지 꽤 된 프로그램이었다. 아마도 역량 분석 결과에 따라 추천된 것으로 보인다.

"'제품 생산 공정 탐방'도 추가됐네. 지금 참여하고 있는 지역 프로젝트하고 연결된 심화 프로그램인가 보군."

보완이 필요한 신체탐구 영역의 프로그램을 추가해 스케줄을 맞추면 좋을 것 같다는 생각을 한 웅섭은 '나의 운동, 나의 근육' 프로그램을 터치한다.

[교과 담당자 연결], [학생에게 추천하기], [추천에서 제거하기] 등의 선택지가 뜬다. 담당자는 같은 학교에서 웅섭의 반 체육 수업을 담당하시는 천영관 선생님과 강원도동해교육지원청에 있는 □□□중학교의 체육 교사 성석광 선생님이다.

담당자 팝업 메뉴에 보이는 '협의회(원격) 신청'을 누르자, 세 선생님의 캘린더가 떠오르며 각 선생님의 비어 있는 시간이 슬롯으로 나타났다. 빈 일정표를 살피던 웅섭은 모두가 협의회에 참석 가능한 시간을 3개 지망 정도 선택해서 알림 메시지 전송 버튼을 누른다. 그러다 문득 잠시 후에 자기가 관할하는 수업에 대한 협의회 일정이 있음을 깨닫고 지금이라도 확인해서 다행이라고 생각하며 나지막이 안도의 한숨을 내쉬었다.

선생님들과의 협의회 진행도 중요하지만, 서현이의 교육과정을 추천하고 있었기 때문에, 서현이와 이야기를 나눌 필요가 있다는 생각이 들었다. 웅섭은 해당 프로그램에 대한 추천과 함께 상담 일정을 잡고자 [학생에게 추천하기] 버튼을 눌렀다. 그러자 경고 메시지가 떴다.

임서현(학생)은 현재 학기에 18학점 이상의 프로그램을 이수 중입니다. 신체 컨디션 분석 결과, 일과 후의 임서현(학생)의 피로도 지수는 평균 '다소 높음' 상태로 파악됩니다. 선생님께서는 이러한 점을 인지하고 있으며 학생이 해당 교육과정을 추가 이수하는 데에 무리가 없다고 판단하십니까?

예   아니오

그렇다. 서현이는 생각보다 많은 학점을 신청해 활동하고 있고, 추천 프로그램이 주로 신체 활동이기 때문에 이 프로그램들을 추가하기에는 다소 무리가 있어 보였다. 그래도 교과 담당 선생님과 협의를 해보면 더 정확한 판단이 가능할 것 같다고 생각한 웅섭은 서현이에게 보낼 메시지는 잠시 보류하기로 했다.

그러다 웅섭은 조금 전에 자신에게 도착한 메시지를 열어 본다. 웅섭이 일하는 지역에서 운영되고 있는 '영어 회화 초급' 온라인 강의 신청에 대해 울산 지역 학교의 담임 선생님과 영어 선생님이 협의회 신청을 해온 것이다. 시간을 보니 지금 바로 접속하면 바로 회의를 진행할 수 있을 것 같아 '지금 시작' 버튼을 누르고 옆에 두었던 메타스카이 안경을 썼다. 잠시 후 가상으로 구축된 사무실에 안경을 쓴 아바타와 짧은 곱슬머리의 아바타가 나타났다.

"안녕하세요, 조웅섭 선생님! 울산 △△△고등학교 교사 우대승입니다."

"저는 우대승 선생님하고 같은 학교에서 근무하는 영어 교사 지승준입니다. 반갑습니다!"

"안녕하세요! 조웅섭입니다."

가상공간에는 방금한 인사말이 자막으로 반영되며 사무실 한편에 있는 화이트보드에 기록되고 있었는데, 기록된 글마다 '본인 음성 인증 및 인식되어 기록됨'이라는 라벨과 함께 재생 아이콘이 따라붙었다. 우대승 선생님의 이야기가 이어졌다.

"저희 반 손은지 학생이 지금 포항 메타스쿨에 가 있거든요. 지금 외국계 기업과 합작 프로젝트를 진행하고 있는데, 회화 능력을 더 키우고 싶다고 학생이 먼저 요청해왔습니다. 찾아 보니 포항 지역에 영어 회화 수업이 있어 말씀 나누려고 이렇게 협의회를 요청했어요."

'손은지 학생'이라는 표현을 인식했는지, 가상공간에는 손은지 학생의 영역별 성취기준 달성 현황 그래프와 검사 결과 분석지, 학생의 교육과정 일과 시간표가 팝업되었다. 이와 동시에 메타스카이 화면 왼쪽 위에 갑자기 금지 아이콘이 떠 있다. 다른 언급은 없이 아이콘만 둥둥 떠 있던 것이 항상 의아했던 웅섭이 커서로 해당 아이콘을 가리키자, '본인 홍채 인증 완료, 시야 공유 금지됨, 협의 내용 비공개 6호 및 암호화'라는 문구가 주렁주렁 딸려 나왔다.

한편, 웅섭의 화면 오른쪽에는 '영어 회화 초급' 프로그램 정보가 나타났다. 기관 정보와 담당자 연락처, 수강 후 평가, 강의 시간표 등이 연결되어 있었는데, 손은지 학생의 교육과정 일과표상의 스케줄이 오버랩되며 참여 가능한 시간이 슬롯으로 나타났다. 웅섭이 입을 뗐다.

"확실히, 언어 쪽에 흥미는 있어 보이는데, 관련된 외국어 강의나 프로그램에 참여해본 이력이 적네요. 마침 프로그램에 참여 인원이 많지는 않은 편이고, 강의 시간도 비는 시간이 있어요. 다만, 수강 후 수강생들의 평가 이력을 보니 '초급'이라고는 하지만 생각보다 수준이 좀 높은 편이라는 의견이 많네요. 괜찮을까요?"

지승준 선생님이 말을 이었다.

"은지가 영어 수업 시간에 몰입도가 높은 편이기도 하고, 말씀해주신 대로 언어 쪽에 흥미가 있어서 아마 금방 따라잡을 수 있을 거라고 생각해요. 제 수업 시간 때 모습 잠깐 보여 드릴게요!"

잠시 후 지승준 선생님의 시야 공유가 이루어졌다. 선생님과 눈을 맞추는 비율이 수치화되어 나타나고, 싫은 내색 없이 단어를 이어서 띄엄띄엄이라도 적극적으로 말하려고 노력하는 모습이 담겨 있었다. 잠시 후 시야 공유가 종료되었다. 웅섭은 흡족한 표정으로 답했다.

"그러네요. 오히려 더 탁월하게 참여할 것 같은 느낌이 드는데요? 바로 신청할 수 있는지 알아볼게요."

가상 화면에 '손은지(학생)를 [영어 회화 초급] 프로그램 참가자로 대리 신청하시겠습니까?'라는 메시지가 떴다. '예'를 누르자, 해당 기관과 손은지 학생, 담임 교사와 교과 담당 교사에게 동시에 알림 메시지가 전송되었다.

"감사합니다. 특이 사항 있으면 언제든 메시지나 회의 신청해 주세요, 웅섭 쌤."

"고생 많으십니다, 두 분!"

곧 회의가 종료되었다. 회의가 종료되자마자, 이 회의 내용을 내부 결재로 공문서화하겠느냐는 동의를 구하는 메시지가 팝업되었다. 웅섭이 '예' 버튼에 눈의 초점을 맞추자 잠시 후 공문서 템플릿에 관련 번호, 참석 인원, 회의 내용이 요약된 글귀가 자동 기입된 상태로, 회의록까지 첨부되어 있었다. 능숙하게 홍채 인식과 함께 메타스카이 안경의 다리 쪽에 오른손 검지를 올려두자, 생체 정보 인식을 완료한 공문서가 보고되었다.

어이쿠. 벌써 수업 시간이 다 되었다. 웅섭은 서둘러 메타브룸(Metavroom)으로 향했다. 웅섭이 담당하고 있는 '영어 토의 토론' 수업은 수강생이 15명인데, 메타브룸에는 6명밖에 없었다. 하지만 이를 이상하게 여기는 사람은 아무도 없었다. 단지 메타스카이 안경을 만지작거리고 있을 뿐이다. 애매한 시간이 흐르고, 곧 정각이 되자, 웅섭은 메타스카이 안경을 착용했다. 그러자 빈자리로 보였던 책상에 아바타들이 앉아 있었다.

"자, 대면으로 듣는 학생들은 메타스카이를 '증강현실 모드'로 설정해 주세요. 비대면으로 듣는 학생들은 '가상현실 모드'를 켜야 원활하게 접속할 수 있습니다. 이제는 입 아프게 설명할 필요도 없겠죠?"

그러자 옆에 있는 까까머리 아바타가 자리를 일어서더니 책상에 앉아 있던 운재에게로 다가갔다.

"야, 오늘 토의 주제가 뭐야?"

"온라인 클래스룸에 올라와 있대. 나도 지금 들어가 보는 중이야."

수업이 시작된 이 순간에 토의 토론 주제를 묻는 학생들의 허술한 준비성은 안중에도 없이, 아바타와 실제 학생이 아무렇지 않게 대화를 나누는 풍경이 이제는 더이상 놀랍지 않다는 사실에 웅섭은 감개무량하다.

"자. 그럼 수업 시작해 볼까!"

같은 날, 오후 3시, 포천 명성산.

"헉, 헉……."

거칠게 내뱉는 숨소리의 주인공은 다름 아닌 현성이었다. 땀범벅이 된 현성이의 몸에 땀에 젖은 옷이 딱 달라붙어 있어 걷기에 불편했다. 분명 '포천의 생태' 수업을 들으러 도서관에 갔다가 현장 체험 실습을 나온 것인데 왜 자신이 여기서 이렇게 헤매고 있는지 혼란스러웠다.

길을 잃은 것 같은 불안함에 조금 전부터 강사님과 담임 선생님, 그리고 부모님께 전화를 드리려 했지만, 통화권을 이탈했다는 메시지와 함께 전화기가 먹통이 되어 현성이의 머릿속은 온통 혼돈 그 자체다.

같은 날, 오후 2시 50분, 포천 영북면 119 안전 센터.

119 신고 센터 직원이 침착하고 차분하게 전화를 받고 있다.

"네. 그러지 않아도 우리 안전 센터 쪽으로도 지금 정보가 들어오고 있어서 먼저 연락드리려고 했었어요. 신고자 성함이 어떻게 되시죠?"

"네. 메타스쿨 포천 강사인 조중래입니다. 생태 체험 활동을 위해 명성산을 방문했는데, 한 학생이 뒤처지고 있어서 데리러 갔다가 올라오는 길에 보니까 어느새 다른 학생이 사라졌더라고요."

"지금 연락이 두절된 학생의 이름이 정현성 맞나요?"

"네, 맞습니다. 오늘 생태 체험 관련 실습생이에요."

"확인 감사합니다. 너무 걱정하지 마세요, 선생님. 통화권을 이탈하거나 와이파이 및 데이터 네트워크가 끊기자마자 119에도 연락이 왔고, 112에도 연락이 갔을 겁니다. 전송받은 내용을 토대로 판단하자면, 통화권을 이탈한 지 5분 미만이어서 그 반경으로 산악 구급 대원이 출동했습니다."

"네, 관련해서 교육은 받았지만 그래도 마음이 몹시 불안해서요. 그럼 이제 어떻게 하면 되죠?"

"현재 통화권 보장을 위해 데이터 단말 장치와 원격 무선 충전 장비가 내장된 구급용 드론이 바로 연락두절 지역으로 배치되었습니다. 곧 드론에 의해 통화권 복귀가 가능해지면 연락이 올 수도 있으니 전화 대기 꼭 부탁드립니다, 선생님."

———

같은 날, 오후 3시 5분, 포천 명성산

산속이라 그런지 시시각각 날이 어두워지는 느낌이다. 무작정 숲길을 걷다가 여기저기 생채기도 나서 구급함에 있는 밴드를 팔과 다리 곳곳에 붙였다. 현성이는 이런 위급 상황에도 침착함을 되찾아가고 있는 자신이 대견하다. 기초생존 역량만큼은 높은 점수를 받아왔다. 오늘을 잘 버텨서 무사히 돌아가면, '대입에 도움도 안 되는 과목을 뭘 그렇게 열심히 듣냐'며 핀잔을 주던 친구들에게 보란 듯이 무용담을 늘어놓으리라 다짐해 본다.

"...$%@#$생!@#.."

어렴풋하게 울려 퍼지는 소리가 들린다. 인기척이 괜히 반갑다가도 두렵다.

"..!@#$@#현성!@#생!@#!@"

어? 날 부르는 소린가? 싶어 주위를 두리번거리는 현성. 이내 휴대전화 조명이 밝게 켜진다. 119에서 온 전화다.

"여보세요?"

"정현성 학생 맞나요?"

"네!"

"영북면 119 안전 센터입니다. 메타스쿨 재학생이시죠?"

"맞아요!"

현성에게 20분 남짓한 낙오 시간이 평생처럼 느껴지기라도 하는 것 마냥 이내 울먹인다.

"지금 어디이 있는지 알고 있나요?"

"모르겠어요. 산 속이라 제가 어디 있는지도 모르겠어요."

"다친 곳은 없나요?"

"네, 그냥 여기저기 긁혔어요."

"잠시만요. 지금 구급 드론이 학생 위치를 파악하고 있거든요."

"!@#정현성 학생!@#!@$#@"

"아, 저 소리가 드론에서 나오는 소리인가요?"

"아마 맞을 거예요. 위치를 정확히 파악할 수 있도록 움직이지 말고 그 자리에서 기다려 주세요."

"네, 알겠습니다."

저 멀리서 왕왕거리던 음성이 가까이에서 또렷해지고 커지는 것이 느껴진다.

"119입니다. 조난자 정현성 학생을 찾고 있습니다."

잠시 후 방송이 그치고 드론이 현성이의 머리 위에 자리 잡고 있다. 드론 날개에서 나오는 것인지, 날이 어두워져서 그런 것인지 바람이 현성이의 뺨을 이리저리 스쳐 간다.

"네, 현성 학생. 지금 위치 파악 완료되었습니다. 구급대원이 곧 찾아갈 거예요. 드론이 계속해서 현성 학생의 상태를 스캔하고 있을 거예요. 전화는 끊지 말고 계속 그 위치에서 기다려 주세요."

"감사합니다."

같은 날, 오후 3시 5분, 포항

웅섭과 학생 안전 부장 선생님이 걱정스러운 표정으로 화면을 응시하고 있다. 공중에서 산길 이곳저곳을 살피는 영상이 계속 송출되고 있다. 화면 오른쪽 한편에는 웅섭의 아버지도 걱정스러운 표정으로 비쳐지고 있다.

"찾았대요?"

"네. 드론에서 송출하는 데이터 네트워크 신호가 현성이 휴대전화, 노트북, 가방하고 연결됐대요."

"다행이네요. 배터리라도 나갔으면 어쩌나 싶었는데."

"듣기로는 메타스쿨에서 제공하는 가방이 태양광 충전이 가능하고 비상용 수동 충전기도 장착되어 있어서 그런 경우는 별로 없다고 하더라고요."

화면 속 웅섭의 아버지가 외쳤다.

"엇, 저기 보인다!"

드론이 수직으로 내리비추는 숲속 한가운데 기진맥진한 상태로 주저앉아 있는 현성이의 모습이 보인다. 학생 안전 부장 선생님이 나지막이 이야기한다.

"다친 곳은 없는 것으로 보여요. 아이가 무사해서 다행이에요, 웅섭 쌤."

"그러게 말이에요."

웅섭의 표정이 조금은 누그러졌다. 그리고는 뭔가 말하려는 현성이 아버지의 얼굴을 응시한다.

"선생님. 아이는 무사한 것 같아요. 걱정 많으셨죠."

"아닙니다, 아버님. 제가 여러모로 더 신경을 쓰지 못해 죄송합니다."

"죄송은요, 그래도 무슨 일 생길까 싶으면 바로 112와 119에 신고되고, 학교랑 저한테도 연락이 바로바로 와서 정말 다행이었어요."

"현성이가 기초생존 역량 분야에서 탁월한 아이라 별일 없을 거라고 저는 굳게 믿고 있었습니다."

"저 녀석 표정을 보니까 자기가 괜찮을 거라고 확신하고 있었나 본데요. 허허……."

긴장의 기색이 한 풀 내려앉은 표정을 지으며 현성의 아버지가 말했다.

"오늘은 저녁에 아버님이랑 아이랑 이야기 많이 나누시고 내일 일정에 관해서도 이야기를 해보면 어떨까요? 탈진 상태면 내일 수업이 어려울 수도 있을 것 같아요."

"우리 현성이가 이 정도로 꾀병부릴 아이 같지는 않은데, 그래도 그렇게 해보도록 하겠습니다. 오늘 여러모로 걱정을 끼쳐 드려서 죄송합니다, 선생님."

"아닙니다, 아버님. 마음 추스르시고요. 또 연락드리도록 하겠습니다. 저는 현성이하고 종례 같이 하고 하교시킬게요!"

"네, 선생님. 고생 많으셨습니다."

———

같은 날, 오후 4시 5분, 가상 교실

"오늘 취소되었던 종례를 다시 진행하려고 여러분들을 급히 불렀어요. 현성이가 오늘 큰 일이 있었다는 이야기, 들었지?"

"네."

"야, 현성아. 너 때문에 힘들게 종례 뺐는데 다들 모였잖아. 어떻게 책임질 거냐?"

"미안하게 됐어."

"됐고, 좀 괜찮냐?"

"임마. 나 기초생존 역량이 1급이야. 어디에 고립돼도 살아남지. 하하하."

"현성아. 지금은 어디니?"

"네, 선생님. 숙소로 잘 돌아왔어요."

"오늘 느낀 점이 있었니?"

"음, 일단은 산속에서 혼자 걸어 다니면 안 된다는 것, 그리고 드론이 아주 멋있다는 생각을 했어요."

"이런 일로 드론의 위대함을 또 느끼는구나."

"네. 드론이 아니었으면 제가 어디에 있는지 설명도 못하고, 그래서 저를 찾느라 시간이 더 걸렸을지도 몰라요."

"그렇구나. 확실히 드론 덕분에, 조난된 지 20여 분 만에 구조됐지?"

친구들이 키득거린다.

"그건 그렇고, 현성이 몸 컨디션은 좀 어때?"

"아무렇지도 않아요. 배가 너무 고픈 것 빼고요."

"다행이다. 그럼 내일 수업에는 들어올 수 있겠니?"

"네, 괜찮을 것 같아요. 아빠하고도 이야기해보기로 했어요."

"그래. 네 몸은 네가 제일 잘 아니까. 내일 어떻게 할지 꼭 알려 주렴."

"알겠습니다. 선생님."

"자, 다들 오늘 일이 안전에 대해 다시 한번 진지하게 생각하는 계기가 되길 바란다. 특히 가방이랑 구급함, 무겁다고 숙소에 내버리고 다니는 사람 있는 거 다 알고 있어. 여러분들은 지금 학교, 집이 아닌 전국을 돌아다니고 있으니까, 언제 무슨 일이 여러분에게 닥칠지 모른다. 오늘 종례 시간에 여러분들이 현성이의 일로 키득거릴 수 있었던 것도, 현성이는 이런 것들을 잘 챙기고 수업 준비를 잘한 덕분에 가벼운 해프닝으로 그쳐서 그렇다는 걸 꼭 기억했으면 좋겠다. 알겠니?"

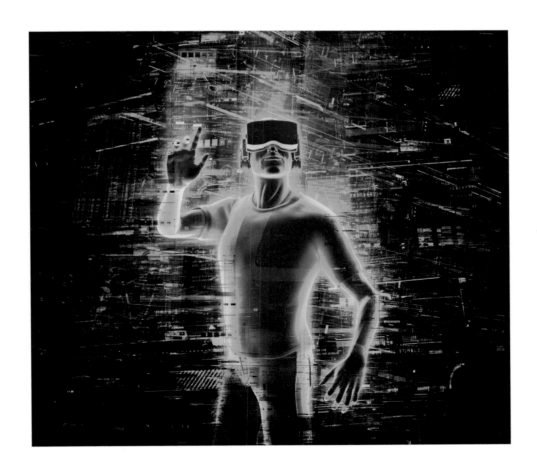

"네, 선생님!"

"아 맞다 선생님!"

지성이다.

"지성이 왜?"

"오늘 종례 했으니까 내일은 종례 안하는 거 맞죠?"

"어이구, 내일 다시 이야기하자."

"아 선생니임~~!"

학교: 어디에도 없고, 어딜 가나 있는

〈끝〉

02
머지 않은 미래

앞의 '학교: 어디에도 없고, 어딜 가나 있는'은 메타버스가 미래 교육의 중요한 축으로 받아들여지기 시작했을 때 생겨날 법한 가까운 미래의 학생과 교사의 일상을 가상으로 엮어 본 짧은 이야기이다. 앞서 서술했듯 메타버스가 학교생활의 여러 측면에서 교사와 학생들에게 계속해서 영향을 미치고 있고, 이러한 변화의 흐름은 계속되고 있다.

메타버스와 관련 기술의 발달이 우리 생활의 전 범위로 확대된다면, 그야말로 어디에 있든 배울 수 있고, 학교라는 물리적인 공간의 벽이 사라지는 광범위한 배움의 여정이 펼쳐질 수 있으리라 생각한다.

물론 이것은 단순한 체험 학습의 연속이 아니다. 학생들의 과제 수행의 과정과 여정들이 실시간으로 다각도에서 자동적으로 라이프로깅(Lifelogging)되어 이들의 실제적인 역량을 측정하고 평가할 수 있는 거대한 데이터베이스가 형성될 것이며, 학생들은 가상현실과 증강현실을 오가며 대면과 비대면의 벽을 허물고 더 많은 활동에 참여하게 될 것이다. 학생들과 선생님들의 온라인 세상 속 가르침과 배움이 실제 세계의 여러 지역의 발전에 이바지하게 되고, 그런 실제 세계에서의 변화가 다시 디지털 세상 속의 지형을 바꾸기도 하는 거울세계가 펼쳐지는 진정한 의미의 메타스쿨이 현실에서 이루어질 것이다.

사실 학생이 여러 지역을 순회하며 해당 지역, 혹은 기업과의 협력을 통해 다양한 프로젝트에 참여할 수 있는 교육과정을 운영하는 사례는 이미 '미네르바 스쿨', 우리나라의 '태재대학'(2023년 3월 개교를 목표로 하고 있다.)과 같은 고등교육기관의 교육과정을 통해 이미 실현되고, 실현될 예정이다. 이러한 학교들은 디지털 기기를 활용한 온라인 수업을 다양한 지역의 학생과 교사를 잇는 교육과정상의 필수적인 기술적 바탕으로 삼고 있다.

메타버스와 함께 발달한 기술력은 여기에 강력하지만 은은한 변주를 더한다. 앞서 우리가 살펴보았던 '메타스쿨'의 가상 시나리오는 메타버스의 고도로 강화된 기술력이 상용화되고, 교육에의 활용에 대한 고찰과 연구가 선행되어 교육 분야에 메타버스가 교육과정의 중요한 기술적 바탕이 되기 시작한 가까운 미래의 세상을 배경으로 하고 있다. 이러한 세상에서 오고가는 정보는 시각적 매체와 텍스트에 그치지 않는다. GPS와 360도 카메라, 다각도 센서를 통해 저장된 수많은 데이터가 그 이면에서 함께 송수신되고, 이는 한 사용자의 활동을 더욱 세밀하게 관찰하고 기록할 것이다. 메타버스 구현 기술이 고차원적으로 발달한 세상에서 사용자가 그 기술을 직접 다루고 이해할 필요성은 오히려 줄어든다. 학생과 교사가 기기 작동법을 익히는 데 골머리를 앓을 필요 없이 자기 생각을 실천하는 데만 오롯이 집중할 수 있게 될 것이다. 고도화된 기술들은 그저 옆에서 함께하며 학생과 교사를 강력하게 지원할 것이다.

글 속에 등장하는 학생과 교사들은 전국의 각지에서 활동한다. 하지만 누구보다도 자기가 하고 싶은 활동에 몰두하고 있고, 이들은 교실에 모여 있을 때보다도 더 연결되어 있다. 가상 교실을 통해 자신의 경험을 나누고, 학생의 상태를 시야 공유와 GPS를 통해 더욱 자세하게 파악한다. 학생의 활동 기록이 일자별로, 주제별로 커다란 데이터베이스를 이루어 다양한 역량에 대한 종합적인 평가가 이루어진다. 메타버스를 통해 우리가 교육에서, 혹은 교육을 통해 구현하고자 하는 '앎과 삶의 연결'이라는 가치가 실현되는 긍정적인 변화인 것이다.

조웅섭 선생님과 현성이의 에피소드와 같은 일이 우리의 곁에서 벌어질 날이 머지 않은 것만 같다.

저자 소개

김문석
포항제철고등학교 수학과 교사
경북대학교 일반대학원 이학 석사 및 박사 수료(수리생물학), 영남대학교 교육대학원 교육학 석사(수학교육)
포항시 수학교과연구회 부회장, 네이버 밴드 인공지능 수학 교사공동체(Math AI) 리더
대구광역시교육연수원, 경상북도교육청연수원, 한국교원대학교 종합교육연수원 원격연수(인공지능 수학, 메타버스)
콘텐츠 제작

김경규
포항제철중학교 정보과 교사
충북대학교 컴퓨터과학 & 컴퓨터교육 박사
교육부/KERIS 쌍방향 온라인 지식 공유 서비스 '지식샘터' 교사지원단, 경상북도교육청 SW·AI교육 교사연구회
경북동부회장
『중학교 정보 교과서』, 『앱과 코딩 중학교 심화교과서』, 『나는 파이선으로 피지컬 컴퓨팅한다』 집필

김은숙
포항이동중학교 수학과 수석교사
고려대학교 수학교육과 졸업
포항시 수학교과연구회 회장, 네이버 밴드 인공지능 수학 교사공동체(Math AI) 공동리더
경상북도교육청연수원 원격연수(인공지능 수학, 메타버스) 콘텐츠 제작

박주연
마산무학여자고등학교 수학과 교사
경남대학교 교육대학원 교육학과 상담심리 석사
경남 Math FRONTIER 회장, 전국수학문화연구회 재정분과부위원장
2022. 경남교육청 블렌디드 수업 선도교사, 2017~ 수학교육 TF 및 수업혁신 컨설턴트

서미나
대구성당중학교 수학과 교사
경북대학교 교육대학원 교육학 석사(수학교육)
대구 매쓰투어 연구회 회장(2015~2019), 전국수학문화연구회 대회협력분과 위원장 역임
『수학의 발견』 중1, 중2 공동 집필

조래정
경기도 포천 이동중학교 영어과 교사
경기에듀테크미래교육연구회 운영진, 포천에듀테크미래교육연구회 회장
경기 그린스마트미래학교 정책실행연구회 연구위원
Google Certified Educator Level 1, 2 & Google for Education Certified Trainer

메타버스로 확장하는 메타스쿨
: 우리는 메타스쿨로 등교한다

2022년 10월 31일 초판 1쇄 발행 | 2023년 2월 10일 초판 2쇄 발행

지은이 김문석, 김경규, 김은숙, 박주연, 서미나, 조래정
펴낸이 류원식
펴낸곳 교문사

편집팀장 이현선 | **디자인** 신나리

주소 10881, 경기도 파주시 문발로 116
대표전화 031-955-6111 | **팩스** 031-955-0955
홈페이지 www.gyomoon.com | **이메일** genie@gyomoon.com
등록번호 1968.10.28. 제406-2006-000035호

ISBN 978-89-363-2438-4(93560)
정가 21,000원